# 前　　言

随着环境问题的恶化，绿色建筑已不再是建筑设计的可选项，而是必选项。建筑师有责任去思考和学习如何使建筑和环境相适应，如何在建筑运行过程中减少对自然的破坏及对能源的依赖等。

国内外很多学者从 20 世纪开始就进行了很多研究和实践，但对于初学绿色建筑设计的人来说，究竟该从哪里开始，又到哪里深入，可能是比较困惑的一个问题。本书从建筑的起源说起，讲到建筑和气候的关系，然后介绍如何将绿色设计的思维贯穿到建筑设计的整个过程中，以及基于气候的被动式设计方法解析，最后对绿色建筑评价体系和模拟软件进行简要介绍。

本书尽量涵盖绿色建筑设计中从场地规划、群体布局、单体设计到构造详图的每一个环节，希望进行一个系统的理论梳理，为绿色建筑的实践打下坚实的基础，提供正确的思考路径。

在本书的撰写过程中，作者广泛搜集素材，集思广益、反复修改。本书内容深入浅出，兼顾学科前沿，对提高绿色建筑设计的认知和实践均有较大帮助。

本书由谭良斌执笔，刘加平统稿和审阅，相关内容已在研究生课堂中使用 5 年，效果良好。作者根据使用反馈进行多次修改和调整，最终确定了成书内容。

在本书的撰写过程中，作者得到了多方面的支持和帮助。昆明理工大学建筑与城市规划学院的胡修平对本书的插图做了认真的核对和修补工作。科学出版社对本书的出版提供了很多帮助和支持。在此一并表示诚挚的感谢。

限于作者水平，书中难免存在不足之处，恳请各位读者不吝斧正。

谭良斌

2020 年 10 月

# 绿色建筑设计概论

谭良斌　刘加平　编著

科 学 出 版 社

北 京

# 内 容 简 介

　　本书从绿色建筑的本质——建筑与环境的关系出发，系统地介绍了绿色建筑设计的步骤和方法，引导读者将绿色建筑的思维贯穿到设计的全过程中。全书分为 8 章：第 1 章气候与建筑，主要介绍影响绿色建筑设计的气候要素；第 2 章简要介绍绿色建筑的整体设计；第 3～7 章详细介绍结合气候的被动式绿色建筑设计原理和方法；第 8 章介绍绿色建筑评价体系。书中在介绍理论的同时结合了经典案例，使读者更容易理解和掌握。

　　本书主要面向学习绿色建筑设计的高年级本科生和研究生，也适合作为建筑师的参考书。

图书在版编目（CIP）数据

绿色建筑设计概论/谭良斌，刘加平编著. —北京：科学出版社，2021.9
　ISBN 978-7-03-069690-8

　Ⅰ．①绿… Ⅱ．①谭… ②刘… Ⅲ．①生态建筑-建筑设计-概论 Ⅳ．①TU201.5

　中国版本图书馆 CIP 数据核字（2021）第 174398 号

责任编辑：朱晓颖 / 责任校对：王　瑞
责任印制：张　伟 / 封面设计：迷底书装

科 学 出 版 社 出版
北京东黄城根北街 16 号
邮政编码：100717
http://www.sciencep.com

涿州市般润文化传播有限公司 印刷
科学出版社发行　各地新华书店经销
*

2021 年 9 月第 一 版　　开本：787×1092　1/16
2022 年 2 月第二次印刷　　印张：10 3/4
字数：275 000

定价：79.00 元
（如有印装质量问题，我社负责调换）

# 目　　录

# 第1章 气候与建筑

## 1.1 建筑的起源

建筑原本就是人类为了抵御严酷的自然气候而建造的改善生存条件的"遮蔽所(shelter)"，其微气候适合人类生存。随着技术与文明的进步，在生存问题解决后，如今人们追求的是舒适、健康的室内环境。无论在严寒的冬季，还是在酷热的夏季，舒适、健康的室内环境，是人类对生活及工作环境的基本需求。良好的室内环境不仅有益于身体健康，最重要的是还可以提高工作效率。因此，创造舒适、健康的工作和居住环境是建筑物的基本功能之一，是建筑师在设计时必须要考虑的问题。

舒适室内环境的获得可以通过两个层面的设计来完成，如图 1-1 所示。第一个层面是建筑物自身的建筑学设计，如合理的朝向选择有利于充分利用太阳能，良好的平面和剖面设计有助于自然通风的形成等，也就是通常所说的被动式设计。从城市规划到建筑群体布局，从建筑平面、剖面设计到建筑构件的细部设计，应尽量减少冬季热量损失和夏季热量获取，并尽可能利用天然采光。当这一层面的设计完成后，室内环境仍达不到舒适要求时或者在极端气候的情况下，可以通过第二个层面的设计，也就是机械设备的辅助调节来完成。但是靠第二个层面的设计来实现室内的热舒适是需要付出代价的，即增加能耗量。第一个层面的设计完成得越少，第二个层面的设计耗费的能量就越多，因此第一个层面的设计决策的好坏将直接影响到建筑能耗量的大小。好的建筑设计决策是指不需耗能或耗费少量的能源就能获得理想的室内环境，欠佳的决策会使建筑最终能耗量增加 2 倍甚至 3 倍。可见，建筑方案设计的好坏将会直接影响建筑运行能耗量的大小，也就是说在整个节能建筑的设计中担负主要责任的不是别人，正是建筑师。

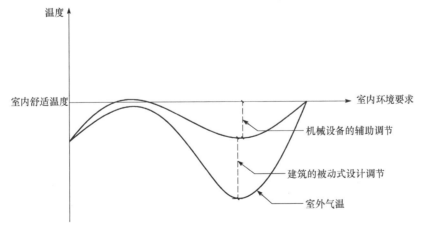

图 1-1 舒适室内环境的获得途径

但很多建筑师在通过改进建筑物自身来改善室内环境方面做得很少，或者对此漠不关心，

图 1-2　赫尔佐格设计的建筑工业养老基金会扩建项目

甚至设计出完全与气候要求相违背的建筑，设备工程师完全依赖第二个设计层面来解决建筑的室内环境问题。例如，在酷热或严寒地区设计带有大片玻璃的建筑，迫使设备工程师不得不采用那些吞噬能源的巨大降温或采暖设备来保证舒适的室内环境。但是如果建筑师可以对第一个层面的设计加以重视，那么就可轻而易举地使机械设备投资降低 50%，如果再多花些心思的话，甚至可以使这部分投资降低 90%。在某些气候条件下，建筑设计中甚至可以完全不使用机械设备。而当建筑师真正可以把室内环境的好坏和建筑本身的设计结合起来考虑的时候，建筑形式往往也会变得更加丰富，因为不同于被隐藏起来的设备系统，类似遮阳板这样的建筑构件可以带来相当大的审美价值，有些甚至可以成为标志性设计，正如赫尔佐格设计的建筑工业养老基金会扩建项目中，遮阳构件是其外立面的主要特征，如图 1-2 所示。

建筑节能是一个系统的工程，作为建筑师，应在方案设计前期就树立环保节能的观念，融合一些绿色建筑的理念和技术，主动采纳采暖、通风、采光、照明、材料、声学等多个技术工种的专业意见。单靠后期的调整，建筑的节能设计是很难完善的。在设计中，建筑师除了应该利用先进适用的节能方法和材料来满足节能设计标准外，还必须从本专业要求出发，在总体规划上，应更多地关注地域和气候特点的研究，通过建筑物的朝向布局、日照分析、通风研究、绿化布置、透水地面等方式，在总体布局、生物气候设计上，控制和改善气候与环境要素对建筑的不利影响。在建筑设计中，应细致规划各种交通流线和交通设施，使流线方便快捷，减少人力物力的浪费，交通设施数量和位置应适宜，提高效率；应认真推敲室内空间的大小、比例和各空间的位置关系，研究其空气流动关系，避免能源的浪费；应关注一些可以替代的适宜技术与方法，如屋顶花园代替屋面隔热、立面造型结合遮阳等。因为建筑在构筑室内外空间的同时，也在创造一个供人居住、生活的环境，所以无论哪一种生活形态，都必须以舒适、有效、安全为前提。人居环境的形成和维持也必须通过可持续技术来完成，建筑节能则是可持续建筑永恒的主题。

相对于现代建筑，传统民居建筑在第一个设计层面上就解决得非常巧妙：在选址、朝向、平面布局、空间组合、建筑用材、构造处理等方面，积淀了千百年来人们适应与利用自然、保护自然，以最简洁灵巧且经济的方式创造居住环境的思想和经验。例如，我国北方地区的合院式民居的平面布局与空间组织利于在冬季收集太阳能和防止冷风渗透；南方地区的庭院式民居则利于夏季的自然通风和蒸发吸热降温；过渡地区的合院式民居，往往同时具备自然采暖与降温特性。以现代建筑技术科学的观点来审视民居建筑所呈现的这些效应，可以发现人们自发且巧妙地在民居建筑中考虑了自然条件和气候特征，运用了"烟囱效应"原理、相变蒸发(冷凝)吸(放)热原理、土壤蓄热(冷)原理、太阳能热利用原理以及地表风场的分布规律等，获得了合理的室内空气流场。在国家自然科学基金的资助下，西安建筑科技大学绿色建筑研究中心在大量实地考察和测试研究的基础上，将这些"被动式"环境控制的科学原理和技术运用于建筑平面和空间的设计当中，在没有现代采暖空调技术，不需要运行能耗的条件下，创造出了适宜的室内外物理环境。这个研究在现代建筑领域是开创性的，它有利于将我国优秀的传统建筑经验传承下去。

为了满足社会发展的要求，现代建筑需要在空间中筑起一个人工环境，并使室内环境保持舒适和稳定，因此需要付出很大的代价。建筑环境设计应该正视室外环境对室内环境的影响，通过相应的技术手段和控制方法做到尊重气候。利用气候条件的有利因素，调整环境对建筑的影响程度，可以营造出符合现代社会要求的更舒适、更有效的空间环境，从而成为真正人性化的建筑。

## 1.2　影响建筑设计的气候要素

室外热环境是指作用在建筑外围护结构上的一切热物理量的总称，在设计建筑外围护结构时，要想得到令人满意的室内热环境，就必须熟悉作用在其上的各种室外热作用。

在研究人体热舒适感及建筑设计时，涉及的主要气候要素有太阳辐射、长波辐射、空气温度、风、空气温度、降水等。这些要素是相互联系的，共同影响着建筑的设计和节能。

### 1.2.1　太阳辐射

太阳辐射是来自太阳的电磁波辐射，是地球上热量的基本来源，是决定气候的主要因素，也是建筑物外部最主要的气候条件之一。冬季应尽可能地应用太阳能采暖，在夏季应尽量避免太阳辐射，以免室内过热，从而达到舒适、节能的目的。

太阳以辐射的方式不断地向地球供给热量，太阳辐射的波长范围很广，但绝大部分辐射能量的波长为 $0.15\sim4\mu m$，占太阳辐射总能量的 99%。其中，可见光的波长为 $0.38\sim0.78\mu m$，其辐射能量占太阳辐射总能量的 50%，红外线的波长大于 $0.75\mu m$，其辐射能量占太阳辐射总能量的 43%，紫外线的波长小于 $0.4\mu m$，其辐射能量占太阳辐射总能量的 7%。

当太阳辐射透过地球的大气层时，其强度将减弱，而且光谱的分布也会因大气层的吸收、反射与散射而改变。太阳辐射波长不同，因此在大气层内被有选择地吸收：大部分紫外线和辐射线均被臭氧所吸收，还有相当一部分红外线被水蒸气及二氧化碳所吸收。反射主要发生在小水滴表面，并且实际上是无选择性的。另外，空气分子和尘埃微粒可以有选择性地扩散那些与其大小相当的太阳辐射，故天空会呈现出蓝色、黄色或乳白色等不同颜色。

### 1.2.2　长波辐射

由地表向大气及外层空间放射的是长波辐射，其强度取决于地表温度与大气或外层空间中吸收辐射的介质温度的差值。大气层中的各种气体也会向各个方向放射长波辐射，地面则吸收了向下放射的部分。在大气所含的各种气体中，水蒸气是主要的长波吸收体，其次是二氧化碳。

由地表放射出的辐射量与大气对地表放射的逆辐射量的差值称为净辐射散热量。阴天时，这个值会降至极低的水平，这是因为云层中的水滴能吸收并反射由地表所放射的全部长波光谱。因此，地表所散发的全部辐射在云层底部就已被充分吸收了。在明净干燥的大气中，净辐射散热量最大，且随着水蒸气、微尘，特别是云量的增加而减小。

### 1.2.3 空气温度

地球表面加热或冷却的速率是决定其上部空气温度的主要因素。与温暖的地表直接接触的空气层，由于导热的作用而被加热，此热量又主要靠着对流的作用而转移至上层空气，由此，气流和风带着空气团不断与地表接触而被加热。在冬季及夜间，地表空气较冷。这样，就产生了反向的净热交换，与地表接触的空气就会变冷。

在不同地点、不同高度、不同时间、不同朝向，空气的实际温度都会有所变化。气象学中所指的空气温度是距离地面1.5m、背阴处空气的温度。室外空气通过建筑门窗的通风作用进入室内，给室内带来或者带走热量，改变室内的空气温度，影响室内热平衡。

### 1.2.4 风

风是由于空气流动而形成的，了解风形成的原因及其受地面物体的制约，对建筑设计有很大的指导意义。因此，了解地方风的形成比大气环流有更大的实用价值。

风是由高气压的空气向低气压的空气流动而产生的结果。空气的温度不同导致了空气气压的高低变化：气温高，则空气膨胀，密度变低，此时的空气稀薄，气压也较低；反之，气温低，则空气密度较高，气压也较高。由于空气受太阳辐射的强弱不同，以及空气对热量吸收率是变化的，气温产生高低变化，从而形成了风。

风速和风向从两个方面来影响建筑物的热状态：一方面，它们决定着建筑物外表面的热阻，因而决定了建筑物外围护结构的隔热性能；另一方面，它们影响了通过开口的换气量，从而影响了建筑物总的热平衡。

根据其成因、范围和规模，风可分成大气环流、季风、地方风等类型。

#### 1. 大气环流

在地球的赤道地带，由于气温高，空气受热膨胀上升，气压的垂直梯度变小；而在两极地带，由于气温低，气压的垂直梯度变大。这样，在赤道上空的气压比同一水平面上的极地处高，在上空形成由赤道指向极地的气流。在极地上空积聚了来自赤道的空气，向下沉降，使地面的空气密度增大、气压升高；而赤道地面因空气上升，地面的空气密度减小，气压降低，在地面上就形成了由极地流向赤道的气流。在赤道地区，空气以上升运动为主；在两极地区，空气以下沉运动为主，从而形成赤道和极地之间的大气环流。

大气在赤道受热上升，从高空流向南北半球，由于受地转偏向力的影响，到南、北纬30°的地方，气流运动方向大致与纬圈平行，形成压力很大、风速很小的地带。从这一带开始，地面的气流向南北流动。例如，在北纬30°以南形成北风，在北纬30°以北形成南风，这种风进到北纬60°时抬头向上，在地面造成低压吸引两极气流，形成了整个大气的完整环流。

#### 2. 季风

大气环流的产生是以假定地球表面结构均一为条件的，但实际上地表是不均匀的，有海洋和大陆的分异。夏季，大陆受热强烈，近地面层形成热低压；而在海洋上，副热带高压范围大大扩展，从而使气流由海洋流向大陆。冬季，大陆迅速冷却，近地面层形成冷高压，而海洋上的副热带高压范围逐渐缩小，大陆低压范围扩展，气流由大陆向海洋运动。这样，一年中盛行风向随季节有规律地变化，从而形成季风。对我国气候影响最大的就是季风，在南方地区，夏季主要受东南季风和西南季风影响。

### 3. 地方风

受局部环境，如地形起伏、水陆分布、绿化地带的影响，某些局部地区加热与冷却不均，引起小范围气流，称为局地环流或地方风。地方风主要包括水陆风、山谷风、林原风、街巷风、天井风、庭园风等。

水陆风是在江岸、湖滨、海滨等水陆相接处，由于水面与陆地加热、冷却速率不一，出现了由水到陆的水风(白天)，以及由陆到水的陆风(夜晚)。

山谷风是由于山坡受日照的时间较早且长，日辐射强，升温快，白天，风沿坡而上形成谷风，夜晚，风顺坡而下形成山风。

林原风是由于绿化地带的茂密森林与开阔的田园两地受热不均，白天风从林中吹来，夜间，风向林中吹去。

同理，街巷风、天井风和庭园风等都是因为建筑设计中采取了不同的处理方法，造成局部环境和温差不同而产生的。

## 1.2.5 空气湿度

空气湿度是指大气中水蒸气的含量，水蒸气通过蒸发进入空气，其主要来源为海面，也可来自潮湿的表面、植物、小的水体。

水蒸气经风的携带遍布地表上方，空气中的水蒸气含量主要取决于气温，随着气温的升高而逐渐增大。因此，水蒸气在地球上的分布是不均匀的，在赤道地区分布最多，向两极渐减，其变化与每年的太阳辐射及平均温度的变化是对应的。

大气中水蒸气的含量可用若干种方式表达，如绝对湿度、比湿(质量绝对湿度)、水蒸气压力以及相对湿度等。绝对湿度为单位体积空气中所含的水蒸气重量($g/m^3$)，比湿为单位重量空气内所含水蒸气的重量($g/kg$)。空气的水蒸气压力为整个大气压力中，由水蒸气造成的压力($mmHg$，$1mmHg \approx 133Pa$)。当大气包含全部水蒸气时，称为饱和空气，其相对湿度为100%。相对湿度为一定温度、一定大气压力下湿空气的绝对湿度 $f$ 与同温同压下的饱和蒸汽量 $f_{max}$ 的百分比，一般用 $\varphi(\%)$ 表示，即

$$\varphi = \frac{f}{f_{max}} \times 100\% \qquad (1-1)$$

从生理学的观点来研究，用空气的水蒸气压力表达湿度条件最为恰当，因为人体的蒸发率与皮肤表面同周围空气的水蒸气压力的差值成正比。另外，许多建筑材料的性能和材料变质的速率与相对湿度有关。

水蒸气压力及相对湿度均随时间、地点的不同而发生很大的变化。水蒸气压力主要随季节变化，通常在夏季高于冬季。即使在受每天的海陆风交替影响的滨海地区，水蒸气压力的日变化也不大。

即使水蒸气压力接近于保持不变，相对湿度的变化范围也可能是很大的，这是由气温的日变化及年变化引起的，这种变化决定了空气内可能的湿容量。在气温日较差较大的大陆地区，当气温达到最高值时，相对湿度很低，而到了夜间，空气可能接近于饱和状态。

在建筑物密集的市区，雨水可以迅速排除，地面经常比较干燥，水的蒸发量少，而且气

温比郊区高，因此市区的相对湿度比郊区低。在室内，相对湿度的大小对建筑材料的受潮、外围护结构内表面的结露，以及人体感觉到的潮湿程度都有直接影响。空气湿度对建筑设计的影响表现在：湿热性气候区采用开敞通透的墙体通风除湿，而在干热气候区经常采用蒸发的方式降温。

### 1.2.6 降水

降水是指大地蒸发的水分凝结后又回到地面的液态水或固态水，包括降雨、降雪和冰雹等。降水强度指 24h 的降水总量，单位为 mm，降水强度受气温、地形、大气环流和海陆分布等因素影响。

降水直接影响空气湿度，同时雨水的蒸发也可起到调节空气温度的作用。在城市中，道路、广场和停车场采用渗水性地面，能够有效调节微气候，缓解热岛效应。在建筑中，降水不仅影响屋顶形式和地面排水，而且也影响围护结构的材料选择和构造设计，以及建筑周围及室内的湿度状况。干热性气候区和湿热性气候区的建筑有很大区别，其中起决定作用的因素是相对湿度，而相对湿度则与降水量和蒸发量紧密相关。

# 第 2 章　绿色建筑的整体设计

## 2.1　绿色建筑的设计原则

绿色建筑的设计包含两个要点：一是针对建筑物本身，要求有效地利用资源，同时使用环境友好的建筑材料；二是要考虑建筑物周边的环境，使建筑物适应本地的气候和自然地理条件。

有关绿色设计或绿色建筑的设计理念和设计原则的著作很多，比较有影响力的观点是 1991 年 Brenda Vales 和 Robert Vales 在其合著的《绿色建筑：为可持续发展而设计》（*Green Architecture：Design for a Sustainable Future*）中提出的：①节约能源；②设计结合气候；③材料与能源的循环利用；④尊重用户；⑤尊重基地环境；⑥整体设计观。

1995 年，Sim van der Ryn 和 Stuart Cowan 在《生态设计》（*Ecological Design*）中提出了五种设计原则和方法：①设计成果来自环境；②生态开支应作为评价标准；③设计结合自然；④公众参与设计；⑤为自然增辉。

绿色建筑设计除满足传统建筑的一般设计原则外，尚应遵循可持续发展理念，即在满足当代人需求的同时，不危及后代人的需求及选择生活方式的可能性。具体在规划设计时，应尊重设计区域内土地和环境的自然属性，全面考虑建筑内外环境及周围环境的各种关系。在参照有关绿色建筑的理论基础上，结合现代建筑的要求，归纳出绿色建筑设计的三项主要原则：资源利用的 3R 原则，即减量（reducing）、重复利用（reusing）和循环（recycling）原则；环境友好原则；地域性原则。

### 2.1.1　资源利用的 3R 原则

建筑的建造和使用过程中涉及的资源主要包含能源、土地、材料、水，对这些资源利用的 3R 原则是绿色建筑中资源利用的基本原则，每一项都必不可少。

（1）减量：是指减少进入建筑物建设和使用过程的资源（能源、土地、材料、水）消耗量。通过减少物质使用量和能源消耗量，从而达到节约资源（节能、节地、节材、节水）和减少排放的目的。

（2）重复利用：就是再利用，是指尽可能保证所选用的资源在整个生命周期中得到最大限度的利用，尽可能多次以及尽可能采用多种方式使用建筑材料或建筑构件。设计时，建筑构件应设计为容易拆解和更换的形式。

（3）循环：选用资源时应考虑其再生能力，尽可能利用可再生资源；所消耗的能量、原料和废料能循环利用或自行消化分解。在规划设计中，确保各系统在能量利用、物质消耗、信息传递及分解污染物方面形成一个卓有成效的相对封闭的循环网络，这样既可以避免对设计区域外部环境造成污染，也可以防止周围环境的有害干扰入侵设计区域内部。

### 2.1.2　环境友好原则

在建筑领域，环境包含两层含义：第一层为设计区域内的环境，即建筑空间的内部环境和外部环境，也可称为室内环境和室外环境；第二层涉及区域的周围环境。

（1）室内环境品质：考虑建筑的功能要求及使用者的心理和生理需求，努力创造优美、和谐、安全、健康、舒适的室内环境。

（2）室外环境品质：应努力营造出阳光充足、空气清新、无污染及噪声干扰、有绿地和户外活动场地、有良好环境景观的健康安全的环境空间。

（3）周围环境影响：尽量使用清洁能源或二次能源，从而减少因能源使用而带来的环境污染；同时，规划设计时应充分考虑如何消除污染源，合理利用物质和能源，更多地回收利用废物，并以环境可接受的方式处置残余的废弃物。选用环境友好的材料和设备，采用环境无害化技术(包括预防污染的少废或无废技术和污染治理的末端技术)。要充分利用自然生态系统的服务，如空气和水的净化、废弃物的降解和脱毒、局部气候调节等。

### 2.1.3 地域性原则

地域性原则包含以下三方面的含义。

（1）尊重传统文化和乡土经验，在绿色建筑的设计中应注意传承和发扬地方历史文化。

（2）注意与地域自然环境的结合，适应场地的自然过程。设计应以场地的自然过程为依据，充分利用场地中的天然地形、阳光、水、风及植物等，将这些带有场所特征的自然因素结合在设计中，强调人与自然过程的共生和合作关系，从而维护场所的健康和舒适，唤起人与自然的情感联系。

（3）当地材料的使用，包括植物和建材。乡土物种最适宜在当地生长，管理和维护成本最低，同时，本土材料的使用可减少在运输过程中的能源消耗和环境污染。另外，因为物种的消失已成为当代最主要的环境问题，所以保护和利用地方性物种也是对设计师的伦理要求。

## 2.2 绿色建筑的设计方法

### 2.2.1 集成设计的方法

集成设计(integrated design)是一种强调不同学科合作的设计方式，通过集体工作，达到解决设计问题的目标。由于绿色建筑设计的综合性和复杂性，以及建筑师受到的知识和技术的制约，设计团队应包括建筑、环境、能源、结构、经济等多个专业领域的人士。设计团队应当遵循符合绿色建筑设计目标和特点的整体设计原则，在项目的前期阶段就启用整体设计的理念。

绿色建筑的整体设计过程如下(图 2-1)：首先由使用者或者业主结合场地特征定义设计需求，并在适当时机邀请建筑专家及使用者、建筑师、景观设计师、土木工程师、环境工程师、能源工程师、造价工程师等专业人员参与，组成集成设计团队。专业人员介入后，使用专业知识针对设计目标进行调查与图示分析，促进思考，这些前期的专业意见起到保证设计方向正确的作用。随着多方沟通的进行，初步的设计方案逐渐出现，业主与设计师需要考虑成本问题与细节问题。此时，已准备好的造价、许可与建造方面的相关设计文件开始发挥作用，设计方案成熟之后就可以根据这些要求选择建造商并开始施工。在施工过程中，设计师和团队的其他成员也应对项目保持持续关注，并对建设中可能产生的问题，如合同纠纷、使用要求的改变等提出应对策略。在项目完成后，建筑的管理与维护十分重要，同时应该启动使用后评估，检验设计成果，为相关人员提供有价值的经验。

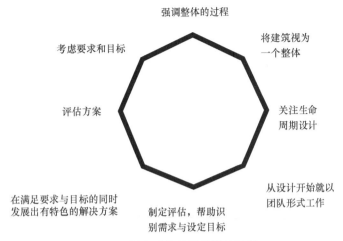

强调整体的过程

考虑要求和目标

将建筑视为
一个整体

评估方案

关注生命
周期设计

在满足要求与目标的同时
发展出有特色的解决方案

制定评估,帮助识
别需求与设定目标

从设计开始就以
团队形式工作

图 2-1　绿色建筑的整体设计过程

由此可见,集成设计是一个贯穿项目始终的团队合作的设计方法,其完成需要保证三个要点:业主与专业人员之间清晰与连续的交流,建造过程中对细节的严格关注和团队成员间的积极合作。

### 2.2.2　生命周期设计方法

建筑的绿色度体现在整个建筑生命周期的各个阶段。从最初的建筑规划设计到之后的施工建设、使用及最终的拆除,形成了一个生命周期。关注建筑的生命周期,意味着不但在规划设计阶段充分考虑并利用环境因素,而且确保在施工过程中对环境的影响降到最低,在使用阶段能为人们提供健康、舒适、安全、低耗的空间,拆除后对环境的危害降到最低,并尽可能使拆除材料得到再循环利用。

目前,生命周期设计的方法还不够完善。由于生命周期分析针对的是建筑的整个生命周期,包括从原材料制备到建筑产品报废后的回收处理及再循环利用全过程,涉及的内容具有很大的时空跨度。另外,市场上的产品种类众多,产品的质量、性能程度不一,使得生命周期设计具有多样性和复杂性。因此,目前在设计实践中主要是吸纳生命周期设计的理念和处理问题的方法。

### 2.2.3　参与式设计方法

参与式设计,是指在绿色建筑的设计过程中,鼓励建筑的管理者、使用者、投资者及一些相关利益团体、周边单位参与到设计的过程中,因为他们可以提供带有本地知识和需求的专业建议。

这一手段可以理解为公众参与(public participation)途径,公众参与这一概念源自美国,其参与模式与美国的政治体制模式密切相关,可以说是不同利益团体为争取自身利益而发展出的相互制衡的设计与管理模式。公众参与的层次可以分为三大类(无参与、象征参与、完全参与)和 8 个层次(图 2-2),无论达到哪个层次,任何参与行为都会优于没有参与的行为。通过控制参与质量,可以得到良好的效果,一个有质量的良好小团体组织往往比一个低效率的大组织效果好,因而在实际操作中,不应把参与范围推行得过广,而应深入参与层次。

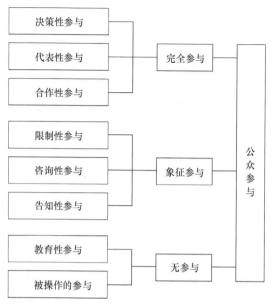

图 2-2 公众参与的层次

在设计阶段，通过组织类似于社区参与环节的公众参与，可以达到鼓励使用者参与设计的目的。同时，也可利用日趋完善的网络技术完成更广泛的公众参与。通过明确设计对象，清楚地了解使用者的需求，达到一定层次的公众参与可为设计提供帮助。

政府决策者、投资者和使用者的参与设计。通过对设计活动的参与，可以提高政府决策者的绿色意识，提高投资者和使用者的绿色价值观和伦理观，促进使用者在使用习惯中树立绿色意识。

## 2.3 绿色建筑的设计过程

### 2.3.1 气候分析

1. 国外城市环境气候分析

根据地区的气候条件来进行规划是城市规划最基本的原则，城市气候专家对城市气候进行分析后给出建议，以此对城市和建筑进行规划。在德国的许多城市都制作了城市环境气候图，其目的在于从气象学的角度出发，通过对地区(或场所、土地等)的气候条件进行分析，希望能够找到一种最适合整个地区的自然环境保护而且又能节省能源的城市规划和建筑设计的方法。在形式上，城市环境气候图是一种气候分析结果的地图册，是为城市规划人员、建筑师、地区的居民和研究者等提供的一个在进行城市规划或建筑设计时的参考工具。德国在大气污染对策及将新鲜空气引进城市等方面有非常强的意识，其制作的城市环境气候图与一般的根据地区地形、土地覆盖等所制作的城市环境气候图有所不同。

城市环境气候图基本由以下三个地图集组成。

(1)气候要素的基础分布图：显示气流分布、气温分布结果或计算结果的地图，包括大气污染物质浓度分布等调查。

(2)气候分析图：显示热环境和大气污染气候分析结果的图表，城市气象专家可以此简明易懂地向市民以及城市规划人员传达气候分析的结果。

(3)决策和建议用地图:将气候要素的基础分布图汇集起来的地图册,有时也称作城市环境气候图。在本章涉及的城市环境气候图,重点强调能够在城市规划和建筑设计中得到灵活应用,因此是最重要的。为了使城市规划和建筑设计充分利用各种气候调查的结果,气候分析专家往往将有关的重点部分标记在城市环境气候图上,其目的在于从气象学的观点出发为市民以及城市规划人员、建筑师提供规划建议。

2. 我国的建筑气候分区

根据《民用建筑设计统一标准》(GB 50352—2019)中的相关规定,我国共分为五大建筑气候分区:严寒地区、寒冷地区、夏热冬冷地区、夏热冬暖地区、温和地区。各气候分区特点及对建筑的基本要求见表 2-1。

表 2-1　不同气候分区特点及对建筑的基本要求

| 分区 | | 气候分区名称 | 主要气候指标 | 建筑基本要求 |
|---|---|---|---|---|
| I | I A<br>I B<br>I C<br>I D | 严寒地区 | 一月平均气温<-10℃<br>七月平均气温<25℃<br>七月平均相对湿度>50% | 1. 建筑物必须满足冬季保暖、防寒、防冻要求<br>2. I A、I B 区应防止冻土、积雪对建筑物的危害<br>3. I A、I B、I D 区的西部,建筑物应防冰雹、防风沙 |
| II | II A<br>II B | 寒冷地区 | 一月平均气温为-10~0℃<br>七月平均气温为<br>18~28℃ | 1. 建筑物应该满足冬季保温、防寒、防冻等要求,部分地区在夏季应兼顾防热<br>2. II A 区建筑物应防热、防潮、防暴风雨,沿海地区应防盐雾侵蚀 |
| III | III A<br>III B<br>III C | 夏热冬冷地区 | 一月平均气温为<br>0~10℃<br>七月平均气温为 25~30℃ | 1. 建筑物必须满足夏季防热、遮阳、通风降温要求,在冬季应兼顾防寒<br>2. 建筑物应防暴雨、防潮、防洪、防雷电<br>3. III A 区应防台风、暴雨袭击及盐雾侵蚀 |
| IV | IV A<br>IV B | 夏热冬暖地区 | 一月平均气温>10℃<br>七月平均气温为 25~29℃ | 1. 建筑物必须满足夏季防热、遮阳、通风、防雨要求<br>2. 建筑物应防暴雨、防潮、防洪、防雷电<br>3. IV A 区应防台风、暴雨袭击及盐雾侵蚀 |
| V | V A<br>V B | 温和地区 | 七月平均气温为 18~25℃<br>一月平均气温为 0~13℃ | 1. 建筑物应满足防雨和通风要求<br>2. V A 区建筑物应注意防寒,V B 区建筑物应特别注意防雷电 |
| VI | VI A<br>VI B | 严寒地区 | 七月平均气温<18℃<br>一月平均气温为-22~0℃ | 1. 热工应符合严寒和寒冷地区相关要求<br>2. VI A、VI B 应避免冻土对建筑物地基及底下管道的影响,并应特别注意防风沙<br>3. VI C 区的东部,建筑物应防雷电 |
| | VI C | 寒冷地区 | | |

| 分区 | | 气候分区名称 | 主要气候指标 | 建筑基本要求 |
|---|---|---|---|---|
| VII | VIIA<br>VIIB<br>VIIC | 严寒地区 | 七月平均气温<br>>18℃<br>一月平均气温为<br>−20～−5℃<br>七月平均相对湿度<50% | 1. 热工应符合严寒和寒冷地区相关要求<br>2. 除VIID外，应避免冻土对建筑物地基及地下管道的危害<br>3. VIIB区建筑物应特别注意积雪的危害<br>4. VIIC区建筑物应特别注意防风沙，夏季兼顾防热<br>5. VIID区建筑物应注意夏季防热，吐鲁番盆地应特别注意隔热、降温 |
| | VIID | 寒冷地区 | | |

据统计，建筑能耗占全社会总能耗的 25%，其中建筑采暖、空调、照明占 14%，建筑建造能耗为 11%，今后，这个比例还有可能上升。目前，我国采暖地区能耗为相同条件下欧美发达国家的 3 倍左右，我国与国外先进水平的差距不在材料和技术上，而是在设计标准和标准的落实上。

### 2.3.2　绿色建筑选址与室外环境设计

1. 绿色建筑选址与室外环境设计的指导思想

城市建设活动给环境带来了巨大的副作用，分析研究表明，大约一半的温室气体来自建筑材料的生产运输、建筑的建造以及与运行管理有关的能源消耗，它还加剧了其他问题，如酸雨、臭氧层破坏等。根据欧洲的有关数据，建设活动引起的环境负荷占总环境负荷的 15%～45%。

自然环境是人类赖以生存和生活的基础，建筑始终存在于一定的自然环境中，不可与之分割。而绿色建筑则被看作一种能与周围环境相融合的新型建筑，它的出现可以最大限度地减少不可再生的能源、土地、水和材料的消耗，产生最小的直接环境负荷。建造绿色建筑要从实际出发，顺应自然、保护自然，体现建筑与环境相融合的整体感。

绿色建筑的场地选址与规划的目的是在利用场地的自然特征来保障人类舒适和健康的同时，减少人类活动对环境的影响，并潜在地提供建筑的能源需求，保存场地的资源。并且在建造和使用过程中，节约使用能源和材料是极其重要的。

绿色建筑的场地选择与规划应从两方面考虑：一方面是考虑自然环境、地形地貌、风速、日志等对建筑节能的积极作用，避免场地周围环境对绿色建筑本身可能产生的不良影响；另一方面是减少建设用地给周边环境造成的负面影响。

进行绿色建筑的场地选择与规划时，要坚定"可持续发展"的思想，应充分利用场地周边的自然条件，尽量保留和利用现有适宜的地形、地貌、植被和自然水系；在建筑的选址、朝向、布局、形态等方面，充分考虑当地气候特征和生态环境；优先选用已开发且具备城市改造潜力的用地，场地环境应安全可靠，远离污染源，并对自然灾害有充分的抵御能力；保护自然生态环境，尽可能减少对自然环境的负面影响，注重建筑与自然生态环境的协调。

在进行绿色建筑场地选择与规划时必须合理利用土地资源，保护耕地、林地及生态湿地。应充分论证场地总用地量，禁止非法占用耕地、林地及生态湿地，禁止占用自然保护区和濒危动物栖息地。对荒地、废地进行改良、使用，以减少对耕地、林地及生态湿地侵占的可能性。

在进行绿色建筑的场地选择与规划时应避免靠近城市水源保护区，以减少对水源地的污染和破坏。保证区域原有水体形状、水量、水质不因建设而被破坏，自然植被与地貌生态价值不因建设而降低。

生物多样性是地球上的生命经过几十亿年的进化的结果，是人类社会赖以生存发展的物质基础。保护生物多样性就是保护人类生存的环境，室外环境设计的目标之一就是使经济发展与保护资源、保护生态环境协调一致。

应通过选址和场地设计将建造活动对环境的负面影响控制在国家相关标准规定的允许范围内，减少废水、废气、废物的排放，降低热岛效应，减少光污染和噪声污染，保护生物多样性和维持土壤水生态系统的平衡。

## 2. 绿色建筑场地设计

### 1) 选址

建筑所处位置的地形地貌，如是否位于平地或坡地、山谷或山顶、江河或湖泊水系旁边，将直接影响建筑室内外的热环境和采暖制冷能耗的大小。西方建筑界流传着一句格言——每个人都必须轻柔地触摸大地(each should touch earth lightly)，体现了建造者对场地的尊重态度，意味着在规划设计中不再是单纯地强调美观、人的舒适性和方便性的主观需求，而是更注重建筑的形式、布局及技术，要充分尊重基地的土地特征，将其对基地的影响降至最小。

第一，基地的选择和控制措施。

选择基地和确定功能是设计的基础，它们不仅会影响到场地以后的运作状况，也关系到与之相联系的大环境质量。建造活动应尽量少地干扰和破坏优美的自然环境，并力图通过建造活动弥补生态环境中已遭破坏或失衡的地方。

场地建设属于城市建设的一部分，其选址受到诸多因素的制约。应尽量选择在生态不敏感区域或对区域生态环境影响最小的地方。此外，土地的再划分、开放空间规划，甚至功能分区也应从充分考虑场地的自然特征入手，确定土地利用的粗略骨架，并以此决定道路、下水道、汇水区的形态。这种土地开发与自然形态的契合既是符合生态原则的举措，也是维系场地特征的有效途径。

对于已确定的基地，应遵循一个重要的原则——尽可能尊重和保留有价值的生态要素，维持其完整性，实现人工环境与自然环境的过渡和融合。在实施过程中，要努力做到以下几点。

(1) 尊重地形、地貌。在场地生态环境的规划设计和建造中，获得平坦方整地块的机会并不多，常会遇到复杂地形、地貌。但对场地建设来说，地形的起伏不仅不会带来难以解决的问题，充分利用地形还可以节省土方工程量，保护土壤和植被免遭破坏，减少因为大面积土方开挖带来的资源和能源消耗，大大降低建筑的建造能耗，而且经过精心处理的起伏地形反而更有利于创造优美的景观(图 2-3)。

(2) 保留现状植被。长久以来，在城市或住区建设中，都将绿化植物当作点缀物，出现了先砍树、后建房、再配置绿化这种事倍功半的做法。原生或次生地方植被破坏后恢复起来很困难，需要消耗更多资源和人工维护成本。因此，在某种程度上，保护原有植被比新植绿化的意义更大，在场地建设中，应尽量保留原有植被。古树名木是基地生态系统的重要组成部分，应尽可能将它们组织到场地生态环境的建设中(图 2-4)。昆明世博园香港馆的设计是一个很好的范例，整个建筑矗立于地面植被之上，通过工字钢梁将荷载传递给地面上的若干水泥墩(图 2-5)，这样，原生土壤和植被被最大限度地保护起来，即使将来建筑被拆除，所留下的痕迹也很小。

(a) 原有地形图　　　　　　　　　　　　　(b) 多样化建筑形式与自然景观相协调

图 2-3　尊重地形、地貌的设计

图 2-4　利用原有自然次生林创造出独特的自然景观

图 2-5　昆明世博园香港馆地面处理

(3)结合水文特征。溪流、河道、湖泊等环境因素都具有良好的生态意义和景观价值。进行场地环境设计时，应很好地结合水文特征，尽量减少对原有水系的扰动，努力达到节约用水、控制径流、补充地下水、促进水循环并创造良好小气候环境的目的。结合水文特征的基地设计可从多方面采取措施：一是保护场地内湿地和水体，尽量维持其蓄水能力，改变遇水即填的粗暴式设计方法；二是采取措施留住雨水，进行直接渗透和储存渗透设计；三是尽可能保护场地中的可渗透性土壤。

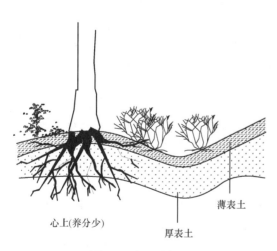

心土(养分少)

厚表土

薄表土

图 2-6　表土示意图

(4)保护土壤资源。在进行基地处理时，要发挥表层土壤资源的作用。表土是经过漫长的地球生物化学过程形成的适于生命生存的表层土，是植物生长所需养分的载体和微生物的生存环境(图 2-6)。在自然状态下，经历 100～400 年的植被覆盖才得以形成 1cm 厚的表土层，可见其珍贵程度。居住区环境建设中，挖填方、整平、铺装、建筑和径流侵蚀都会破坏或改变宝贵且难以再生的表土，因此应将填挖区和建筑铺装的表土剥离、储存，在场地环境建成后，再清除建筑垃圾，回填优质表土，以利于地段绿化。

综上所述，适宜的基地处理是形成建筑生态环境的良好起点，必须认真调查、仔细分析，避免盲目地大挖大建和一切推倒重建的方式。同时应注意的是，基地分析不应把场地解剖成多个组成部分，而应从生态学的角度将其视作一个整体来考虑。

　　第二，坡地的选址。

　　众所周知，山的南坡更加暖和并且生长期最长。对大多数建筑类型而言，如果还有选择地理位置的余地，那么山的南坡是最佳的选择。

　　在冬季，太阳对山的南坡的照射最为直接，因此这里单位面积所接受到的太阳能量也最多（图 2-7）。又由于在山的南坡，物体投射到地面的阴影最短，这里受到阴影的遮蔽也最少（图 2-8）。基于这两个原因，山的南坡是冬季里最暖和的地方。

　　图 2-9 展示了山的各个方向在小气候方面的差异。在冬季，山的南坡获得的日照最多，

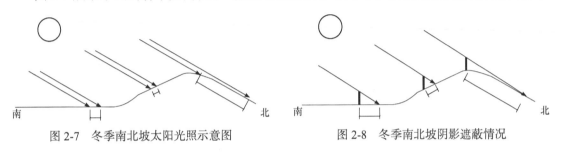

图 2-7　冬季南北坡太阳光照示意图　　　　图 2-8　冬季南北坡阴影遮蔽情况

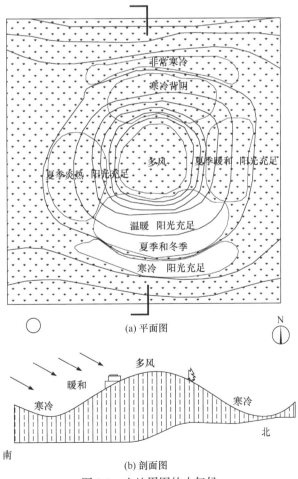

(a) 平面图

(b) 剖面图

图 2-9　山地周围的小气候

因而最暖和，而山的西坡则是夏季最热的地方。山的北坡背对太阳，因而也最寒冷，山顶则是刮风最多的地方。山脚地区一般比山坡上要冷一点，因为冷空气下沉后，都在此处聚积。气候条件和建筑类型共同决定了丘陵地区的最佳建筑地点，例如，在寒冷地区，山的南坡日照最强，来自北方的冷风被山所阻挡，所以不宜把房子建在多风的山顶和冷空气聚积的低洼地带。在炎热干燥地区，应当把房屋建在冷空气聚积的低洼地带。如果冬季非常冷，就建在山南谷地。如果冬季比较温和，就建在山的北面或东面，但无论何种情形，都不宜建在山的西面。在炎热潮湿地区，把房屋建在山顶，以最大限度地保证自然风畅通无阻，但不宜建在山顶的西边，以避开下午炎热的阳光。

建筑若能依山就势，挖掘、转移和倾倒土方以及支撑挡土墙所耗费的能源与资源就会减少。另外，结合坡地的设计有助于阻止原生土壤流失和植被破坏，解决这个问题最适宜的设计就是高架走道和点状支撑结构。

一般来说，不同气候区坡地建筑的理想选址位置如图 2-10 所示。

**寒冷地区**：南向山坡的下部，接受最多的太阳辐射，冬季有防风保护，并且不受谷底聚积的寒冷空气的影响。

**温和地区**：山坡的中上部，日照和通风条件理想，并且不受山脊风的影响。

**干热地区**：山坡底部，夜间下沉冷空气制冷，朝向东面以减少下午的太阳辐射影响。如果场地附近有大面积水体，并且夏季风经过水面冷却可以导入建筑，这样的场地无疑是更为有利的。

**湿热地区**：山坡顶部，通风条件良好，朝向东面以减少下午的太阳辐射的影响。

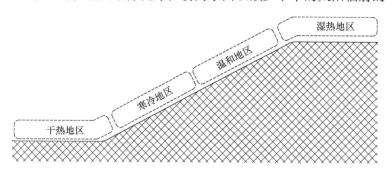

图 2-10　不同气候区坡地建筑的理想选址位置

2）室外环境设计

室外环境设计不仅仅是美观的问题，对环境的可持续性也有重要意义。树木、篱笆和其他景观元素，会影响到与建筑密切相关的风和阳光，经过正确设计可以大大减少耗能、节约用水，控制疾风和烈日等令人不快的气候因素。节能的室外环境设计可以阻挡冬季寒风，引导夏季凉风，并为建筑遮挡炎夏的骄阳，也可以阻止地面或其他表面的反射光将热量带入建筑；铺地可以反射或吸收热量，这取决于颜色深浅；水体可以缓和温度，增加湿度；此外，树木的阴影和草地灌木可以降低邻近建筑的气温，并起到蒸发制冷的作用。

（1）一般原则。

采用什么样的节能室外环境设计由建筑场地所在的气候区域决定，不同地区的室外环境设计的原则如下。

**温和地区**：在冬季最大程度利用太阳能采暖；在夏季尽量提供遮阳；引导冬季寒风远离建筑；在夏季形成通向建筑的风道。

**干热地区**：对屋顶、墙壁和窗户进行遮阳；利用植物蒸腾作用使建筑周围降温；在夏季，自然冷却的建筑应利用通风，而空调建筑周围应阻挡风或使风向偏斜。

**湿热地区**：在夏季形成通向建筑的风道；种植夏季遮阴的树木，同时也能使冬季的低角度阳光穿过；避免在紧邻建筑的地方种植需要频繁浇灌的植物。

**寒冷地区**：用致密的防风措施阻止冬季寒风；冬季阳光可以到达南向窗户；如果夏季存在过热问题，应遮蔽照在南向和西向的窗户及墙上的直射阳光。

（2）绿化。

随着人们对生态环境的重视程度越来越高，环境绿化设计已经逐渐从仅仅停留在视觉欣赏的层面向关注生态调控功能转化。恰当的绿化设计具有美学、生态学和能源保护等方面的作用，可以改善微气候，减少建筑能耗。对于自然通风的建筑场地，绿化设计可为建筑及其周围的室外开敞空间提供有效的遮阳，同时减少外部的热反射和眩光进入室内。植物的蒸腾作用使其成为立面有效的冷却装置，并改善建筑外表的微气候。同时，绿化也可以引导通风，或者在冬季遮蔽寒风，避免内部热量流失。绿化的主要作用是遮阳、通风和防风。

首先是遮阳。

**树木**：树在室外环境设计中处于首要地位。树冠足够遮蔽低层建筑的屋顶，可以遮挡约70%的直射阳光，同时通过蒸腾作用过滤和冷却周围空气，降低制冷负荷，提高舒适程度。落叶树木的最佳位置在建筑的南面和东面，当树木冬季落叶后，阳光照射有助于建筑采暖。然而，即使没有树叶，枝干也会遮挡阳光，所以要根据需要种植树木。在建筑西侧和西北侧，可以利用茂密的树木和灌木遮挡夏季将要落山的太阳。

**藤蔓**：当树木的幼苗还没有长大，不能遮阳时，藤蔓无疑是不错的选择，它在第一个生长期就能起到遮蔽作用。爬满藤蔓的格架或者种有垂吊植物的种植筒既可以遮蔽建筑四周、天井和院子，又不影响微风吹拂。有些藤蔓能附着于墙面，但这样会损害木质表面，设置靠近墙面的格架可以避免藤蔓依附于墙体。只要它的茎不严重遮挡冬季阳光，就可以在夏季利用冬季落叶的藤蔓遮阳。常绿藤蔓不仅可以在夏季遮阳，还可以在冬季挡风。

**灌木**：成排的灌木或树篱可以遮蔽道路。利用灌木或者小树遮蔽室外的分体空调机或热泵设备，可以提高设备的性能。为了便于空气流通，植物与压缩机的距离不要小于1m。

其次是通风。

**湿热地区**的室外环境设计要考虑通风，场地中的植物应能起到导风的作用。一般最好能将成排的植物种植在垂直于开窗的墙壁处，把气流导向窗口（图2-11）。茂密的树篱有类似于建筑翼墙的作用，可以将气流偏转进入建筑开口。理想的绿化应该是枝干疏朗、树冠高大，既能提供遮阳，又不阻碍通风；应避免在紧靠建筑的地方种植茂密低矮的树，因为会妨碍空气流通，并增加湿度。如果建筑在整个夏季完全依赖空调，并且风是热的，就要考虑利用植物的引导使风的流通远离建筑。

最后是防风。

防风林下风向的风速会降低，可以保护建筑和开敞空间免受热风或冷风的侵袭。因为坚固物体的主要作用是使风向偏转，所以它比建筑等坚固物体造价更低，并且可以更有效地吸收风能。

种植在北面和西北面的茂密的常绿树木和灌木是最常见的防风措施（图2-12（a））。树木、灌木通常组合种植，这样从地面到树顶都可以挡风。阻挡靠近地面的风最好选用有低矮树冠的树木和灌木。或者，用常绿树木搭配墙壁、树篱或土崖，也能起到使风向偏转向上，越过

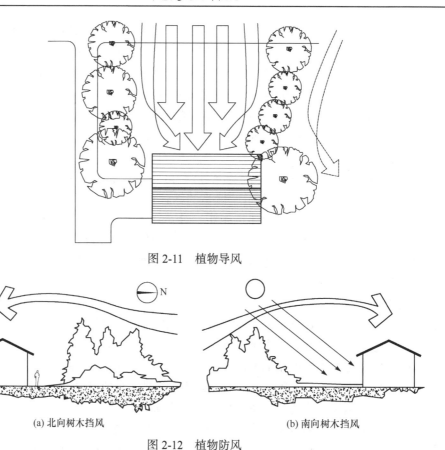

图 2-11 植物导风

(a) 北向树木挡风 (b) 南向树木挡风

图 2-12 植物防风

建筑的作用(图 2-12(b))。如果期望在冬季通过阳光采暖，注意不宜在建筑南面太近的地方种植常绿植物。

除了远处的防风植物，在邻近建筑的地方种植灌木和藤蔓可以创造出冬夏季都能隔绝建筑的闭塞空间。在生长成熟的植物和建筑墙壁之间应留出至少 30cm 的空间，种植成坚固墙壁的常绿灌木和小树作为防风林，离北立面应至少有 1.2~1.5m 的距离。然而为了在夏季确保空气流通，茂密的植物最好离建筑再远一些。

寒冷地区如果有较大的降雪量，在防风植物的上风向应种植低矮灌木，可以阻挡雪。

防风林的长度、高度和宽度会影响下风向被遮蔽区域的面积。随着防风林高度和场地面积的增加，被遮蔽区域的深度也增加。被遮蔽区域的宽度随着防风林的宽度增加，直至达到防风林高度的 2 倍(2H)。如果防风林宽度超过其高度的 2 倍，那么气流会再次"黏着"防风林的顶部，因此被遮蔽区域的面积会缩小(图 2-13)。在防风林前方 10 倍高度的区域内，风速会稍微减弱。

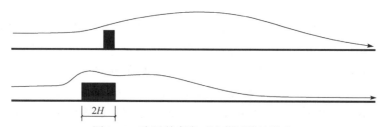

图 2-13 防风林宽度对遮蔽区域的影响

防风林应延伸至地面，2～3 排常绿树木交错排列；如果采用落叶树木，应该用 5～6 排；防风林的长度应大约是成年树木直径的 11.5 倍；树木的高度应有变化，防风林保护的有效区域大约是树高的 30 倍。然而，当被保护建筑位于防风林高度的 1.5～5 倍距离内时，效果最好。

被遮蔽区域的范围也随着防风林空隙率改变。防风林越密实，到最低风速点的距离越短，该点处的风速降低越多。然而，在风速最低点之后，风速增加很快，反而不如空隙多的防风林所遮蔽的区域大。

**风的入射角**。风的入射角也会影响被遮蔽区域的长度。当风与防风林正交时，树木和树篱是最有效的。如果风以斜角与防风林相交，被遮蔽区域的面积就会缩小（图 2-14）。

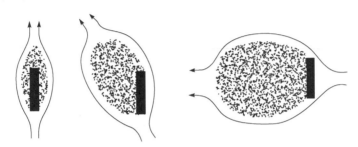

图 2-14　风的入射角对遮蔽区域的影响

**植物类型**。树篱的遮蔽效果比树木更为明显，因为它们的叶子接近地面。实际上，在树的逆风方向，树干周围枝叶下的气流被加速。

**关于防风林的建议**。如果某个建筑分区或季节性调整的建筑需要一个被遮蔽的区域，那么推荐将绿化设计成降低风速但不产生大紊流的形式。要达到这一目的，防风林应该至少有 35% 的空隙率。

**关于避免遮蔽的建议**。如果不需要遮蔽，那么树木应远离建筑。如果树木高大、树干裸露，并且靠近建筑，那么在遮阳的同时就不至于影响通风效果。

**增加风速**。植物能改变风向或使风通过狭窄的开口而创造出高风速的区域。把树的间距缩小形成风道，可以使气流速度增加 25%，在防风林的边界处有类似的现象。

在温和气候区的夏季，立面绿化能使建筑物的外表面比街道处的环境温度降低 5℃ 甚至更多，冬季的热量损失可以减少 30%。因此，在场地设计中应尽量采用多种绿化手段来改善居住环境，除了建筑物之间必须配置公共绿化地带外，还要辅助以阳台绿化、垂直绿化、屋顶花园、平台花园等，将花木绿化引入室内庭院和房间，给人们一种亲近大自然的感觉。绿化可分为外绿化环带、庭院绿化、立体绿化。

① 外绿化环带。

在室外，植物能使其周围的城市温度降低约 1℃，而遮阳的树木的树荫下的温度又比周围温度低 2℃ 左右。因此，在室外用绿色植物形成环形绿化，能调节温度和湿度，还能吸附灰尘、降低噪声，起到生态保护层的作用；同时，能减缓建筑物之间的不协调，遮挡有碍观瞻的建筑设施。应建好绿化环带、林荫带、引导树、绿地，使公共绿带达到更高的水平（图 2-15 和图 2-16）。

② 庭院绿化。

研究表明，植物能吸收室内产生的二氧化碳，释放出氧气，同时能清除甲醛、苯和空气中的细菌等有害物，营造更为健康的室内环境。从传统民居的研究中可以看到，庭院绿化对满足人们生活习俗要求，点缀环境，营造安静、有趣、富有个性的居住内环境，具有特别的意义。

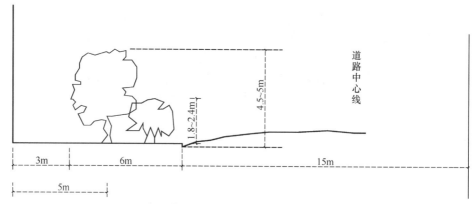

图 2-15　最低要求的道路隔声绿带

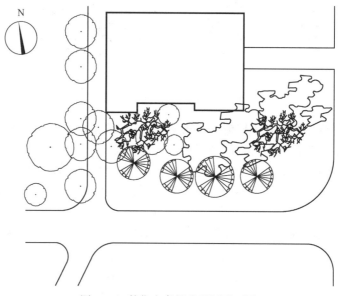

图 2-16　某住宅旁绿化配置平面图

③ 立体绿化。

立体绿化包括阳台、平台、屋顶绿化。立体绿化较好地解决了建筑用地与绿化面积的矛盾，加强建筑物与景观的相互结合、相互作用。同时，立体绿化与地面绿化一样，通过植物的蒸腾作用可以蒸发水分，从而控制和保持环境的温、湿度，起到调节气候的作用。某些植物在 7cm 厚的砾石土和砂土中就能生长，耐寒植物就能够在这样浅的土壤或腐生植物的环境中成活。屋顶庭园甚至可以用于发展城市农业，因为许多蔬菜只要在不到 20cm 厚的土壤中就可以生长。这种立体绿化的方式还可用到高层住宅的设计中，使得在高层居住的人们在空中绿化的氛围里，与地面建立愉快的视觉联系，避免来自低层屋面反射的眩光和阳光的辐射热，具有丰富生命力的效果。

树种的选择要考虑树冠的大小、密度和形状。要想在夏季阻挡阳光，而且让冬季阳光通过，那么可以选用落叶树木。树冠伸展的高大落叶树种在建筑南面，在夏季能提供最多的荫蔽。

要想持续遮阴或者阻挡严酷的寒风，就可以选用常绿树木或灌木。浓密的常绿植物，如云杉，可以对冬季风起到很好的阻挡作用。然而，在寒冷地区，依靠近太阳能采暖建筑的南面不宜种树，因为即使是落叶树木，其树枝在冬季也会遮挡阳光。树冠低矮、靠近地面的树木更适合种在西面，可以遮挡下午低角度的阳光。如果只是想阻挡夏季风，就要选择枝叶更舒展的树木或灌木，它们有利于透过早晨东面的阳光。

在进行场地绿化设计之前应对场地中现有的植物进行认真评价，确定哪些能起到节能作用。场地上现有的植物可以比新栽的植物更好地发挥作用，并且需要的维护更少。

3）铺地

建筑周围环境的下垫面会影响微气候环境，表面植被或水泥地面都会直接影响建筑采暖和空调能耗的大小。为了满足人类活动，现在大多数居住区中建造了大量的坚固地面，这些不合理的"硬质景观"不仅浪费了材料、能源、财源，而且破坏了自然的栖息地。大多数传统的铺地总是将水从土壤中排除，想尽一切办法把地表水排走，导致地下水无法得到补充。这种不渗透地面增加了径流、水土流失和暴发洪水的危险，并导致土壤丧失生产肥力。铺地保持热量必然会导致城市的热岛效应，它还会带来不舒适的眩光，以及营造出粗糙、令人疏远的环境。建议采用透水性或多孔性的铺地，而且要在需要获得太阳热量的地方布置铺地。如果铺地的质感、形式和颜色与主要的气候条件相配合，就可以减少或集中热量和眩光。应将铺地设计、种植和遮光结合在一起，以避免产生眩光和不需要的热量。

对于寒冷地区，在建筑周围恰当的位置铺地有助于加热房屋，延长植物的生长期。砖石、瓷砖、混凝土板铺地都有吸收和储存热量的能力，然后热量会从铺地材料中辐射出来。要达到这一效果，铺地材料不一定非要是坚固的，也可以采用混凝土板的碎片、鹅卵石等材料。

在炎热气候区，虽然部分辐射对采光是有利的，但眩光和太阳能的热通常会引起更为严重的问题。自然地被植物比裸土或人造地面反射率低，外形不规则的植物的反射率一般比平坦的种植表面低，例如，树木、灌木从地面反射的太阳辐射量要比草坪少，而沥青等吸热材料在太阳落山后仍然会辐射热量。因此，炎热地区应尽可能避免在建筑附近使用吸热和反射材料，或避免直射阳光的照射，以减少建筑周围吸收和储存的太阳热量。自然通风的建筑应注意避免在上风向布置大面积的沥青停车场或其他硬质地面。因此，建筑室外环境的铺地设计应注意如下两个问题。

（1）限制铺地材料。

铺地材料避免使用不渗透地面，多使用渗透铺装地面。渗透铺装地面既能保持水土，又可以美化城市硬质景观，其强度不低于传统的铺地。利用火力发电厂的废渣——粉煤灰为主要原料制造的可渗水铺地砖能满足城市人行道路面硬化的强度和美观要求，且有利于城市的水土保持并解决路面积水问题。

混凝土网格路面砖（图 2-17）是一种预制混凝土路面砖，网格路面砖中间的孔洞可以增加雨水渗透量。网格路面砖也称为植草砖，可以种植被，从视觉上减缓干硬混凝土原本呆板的视觉印象，同时具有良好的生态效果。

图 2-17　混凝土网格路面砖

（2）限制硬质铺地面积。

一段时间内，我国出现了仿效西方大草坪的居住区环境设计热潮。大片地面只种草，不种或少种树，而且热衷于种植外来品种植物，这样不仅丧失了宝贵的活动场地，而且从改善居住区生态环境的角度看也是不适宜的。正确的绿化种植应该选用本地植物或经过良好驯化的植物，本地植物已经适应了该地区的自然条件，如季节性干旱、虫害问题以及当地的土壤土质等。景观设计应采用本地乔木、攀藤、灌木以及多年生植物，这样不仅有助于保持该地区的生物多样性，也有助于维持区域景观特征。应最低限度地使用维护费用高昂的草皮，与其他种类的植物相比，草皮大多需要投入更多的水、养护成本、药剂。本地耐旱草皮、灌木丛、地铺植物以及多年生植物完全可以替代非本地草皮。另外，应最低限度地采用一年生植物。一年生植物通常比多年生植物需要更多的灌溉，而且由于季节种植而需要投入更多的劳动力和资金。多年生植物可以设计成多种类有机的组合，以确保开花周期交错，从而满足人们对色彩的长期需求。

### 4）水体

水体是居住区环境中重要的环境因子，水体与绿化的结合可以造就居住区良好的自然环境，良好的水环境能对居住区生态环境的形成发挥重要的作用。大面积的水体在蒸发过程中可以带走大量的热量，使周围微气候发生改变，在夏季，尤其是位于水面下风向的基地环境更能直接受益。因此，在进行节能建筑的总平面布置时应尽量使未来建筑位于湖泊、河流等水面的下风向，或布置于山坡上较低的部位，达到夏季降温的目的。

同时，也应注意到我国是世界上水资源较为匮乏的国家之一，而居住区环境建设用水大多是城市供应的可饮用淡水，资源的浪费与我国的缺水现状形成强烈的反差。因此，在居住区环境建设中应有效收集和利用自然降水，促进地表水循环，营造居住区良好的生态环境。

（1）雨水储留再利用。

雨水储留再利用技术指利用天然地形或人工方法将雨水收集储存，经简单处理后再作为杂务用水。雨水储留供水系统包括平屋顶蓄水池、地下蓄水池和地面蓄水池等。平屋顶蓄水是指利用住宅等的平屋顶建造池蓄水，随着屋顶防水技术的提高，这项技术将大有可为。地下蓄水池位于基地最低处或地下室中，雨水可以直接排入，上面仍可用作活动场地。地面蓄水池可利用原有的池塘、洼地或人工开挖而成，按自然排水坡度将居住区分成几个汇水区域，每个区域最低处设蓄水池，使其兼顾防洪、景观和生态功能（图 2-18）。

（2）改善基地，提高渗透性。

提高雨水渗透性可通过建设绿地、透水性铺地（图 2-19）、渗透管、渗透井、渗透侧沟等来实现。在居住区环境设计中应注意以下几点：一是力争保留最多的绿地，因为绿化的自然土壤地面是最自然、最环保的保水设计；二是在挡土墙、护坡、停车场、负重小的路面等大面积铺砌部位，尽可能采用植草砖、碎砖、空心水泥砖等透水铺面；三是在高密度开发地区，无法保证足够裸地和透水铺装时，可采用人工设施辅助降水渗入地下，常见的设施有渗透井、渗透管、渗透侧沟等。

图 2-18　某居住小区内的地面蓄水池

图 2-19　某居住小区内的透水性铺地

（3）促进地表水循环。

居住区中适宜的景观水体不仅可以丰富、美化景观视觉，同时开放的水面作为生态系统的一个重要组成部分发挥着重要的生态功能（图 2-20）。但若无完善的水处理（循环）系统，景观用水必须频繁更换以保持清洁，所以节约用水、促进水的循环也是居住区生态环境建设的重要内容。可考虑将雨水收集系统和景观水体结合起来，并利用水生植物和土壤过滤进行水处理，从而使景观水系统流动起来并保持清洁，形成优美的水景，并能节约水资源。

图 2-20　某居住小区内的景观水体

5) 室外活动场所的布置

好的建筑设计不应仅考虑室内条件，也要考虑建筑之间和周围的室外空间。在许多类型的建筑中，舒适的室外空间可以创造更多宝贵的活动场所。

一个完美的室外空间设计，除了应具备优美的环境景观外，还必须具备齐全的功能（包括舒适的物理环境等），加以配合方能臻于完善，脱离物理环境的室外空间设计，常常会使人感到不便与不适，只重形式的设计不是真正以人的需求为出发点的设计，因而不是以人为本的设计。

基于人体舒适度的室外空间设计，是指利用物理环境的有利因素，防止和控制不利因素对人的影响，"用"与"防"相结合，规划设计室外空间。物理环境条件与室外空间规划设计会相互影响，一方面，物理环境条件决定了室外空间的位置、规模、内容与功能划分，包括绿化、活动场地、各类设施、水面、游览小径等在内的每一部分的设置与布局，都应以已有的物理环境条件为依据，不能主观臆断，避免由于室外空间设计不当而造成的场地无法使用或使用率降低的情况；另一方面，居住区室外空间还可以利用各种素材和景观要素，包括植物、地形、景观小品设施等精心规划设计，营造出微气候舒适宜人的户外活动空间，因此二者互为影响，相辅相成。

无论是室内还是室外活动空间，都应当尽可能地为使用者提供一个有合适的温、湿度，必要的风速，新鲜的空气，充足的光线和不受周围环境的热、光辐射与噪声干扰的不利影响的舒适环境，关于这一点，规划、建筑、园林工作者肩负着同样的使命。

(1) 室外空间设计的作用。

① 遮阳与争取日照。

阳光是室外空间设计中的重要因素之一，万物生长靠太阳，人类的生存和生活离不开阳光，但阳光对人类生活却具有两方面的影响：一方面，我们需要阳光，要最大限度地争取日照，特别是在寒冷的冬季；另一方面，阳光的过度照射却能带来许多不利的影响，甚至是危害，因此在夏季我们需要防晒，需要遮阳。具体到室外空间的设计，阳光这一物理环境因素就表现在遮阳与争取日照两个方面。

烈日炎炎的夏季，没有任何遮蔽的户外游憩场地和活动设施是不可想象的，也不会有人在太阳的暴晒下，进行休息、散步、聊天、娱乐、赏景等户外活动。因此，进行室外空间设计时，必须要考虑到场地和设施的夏季遮阳问题。

冠大叶茂的落叶树在夏季具有良好的遮阳效果，树荫下的地面温度要显著低于太阳直晒的地面温度，而且落叶乔木在冬季又不会遮挡阳光，是一种有效的改善室外热环境的途径。在硬质铺装的场地中留有种植池，结合休息设施布置，可以在保证足够活动面积的同时提高绿化覆盖率，并能很好地解决夏季户外活动的遮阳问题。另外，可以利用廊、亭、棚架等景观构筑物提供遮阳的场所，但同时应考虑景观小品的尺度、材料、色彩、造型、风格与小区风格的协调完整性（图 2-21）。

图 2-21　室外活动场地中的遮阳树和亭廊

现代建筑越来越密集，从钢筋水泥的丛林中穿越的一缕阳光显得弥足珍贵，我国的具体国情是大城市人口集中，居民的日照要求不只局限于居室内部，若室内的日照要求不能满足，就应至少在一组住宅楼前开辟一定面积的宽敞的、不受遮挡的开阔地，使居民在室外活动时获得足够的日照。因此，合理安排室外活动空间的用地，要尽量将活动场地及休息娱乐设施布置在建筑阴影区以外，满足室外活动场地的日照需求。

② 防风与改善自然通风。

风是非常重要的气象要素，与城市规划、建筑设计以及风能利用等都密切相关，对室外活动空间设计的影响更大。我国北方地区冬季寒冷、多风。一般来说，在冬季风小、无雪正常的天气情况下，居民仍可进行适当的户外活动，如散步、晒太阳、体育健身等，特别是在阳光充足的午后，居民的出户率相对较高，所以一定要考虑到风对居民进行户外活动的影响。

在居住区内，建筑的造型与群体布局会对其内部的空气流动情况产生重要的影响，可能造成局部风速过大，也可能造成局部的冷空气绕流、涡流，对人们的生活、行动造成很大的不适和不便。在进行室外空间设计时，至少要对建筑布局与空气流动情况之间的关系有一个定性的了解，避开高风涡流区来布置活动场地和活动设施，如步行小径、休息健身场地的布置，在设计中就应考虑到冬季风的因素对人造成的影响。

③ 可以主动地去改善空气的流动情况。

在冬季的主导风向上，多层次的密植长绿树木可以有效地隔风，以保证居民在冬季仍可以有效地从事户外活动。

风对创造舒适的室内外热环境具有重要的作用，通风不良会使空气中充满大量的二氧化碳、灰尘、病原微生物和不良气味，使人的大脑皮层处于抑制状态，记忆力减退，影响健康。在房间自然通风的条件下，室内热环境取决于室外热环境条件，改善热环境要从室外做起。因此，在炎热的夏季，良好的自然通风，不仅会使进行户外活动的居民感到凉爽、舒适，同时还可以有效地改善室内的空气流动情况。室外活动空间保证有良好的自然通风、气流均匀，并可以通过人们经常活动的范围，同时还要具有一定的风速，可以保证人体处于正常的热平衡状态。

建筑在整体布局时已基本决定了居住区的空气流动情况，在进行室外空间设计时，应注意的问题是在夏季主导风向上避免植物过密种植，防止堵塞空间，影响室外空间及室内的通风。

(2)室外空间设计的建议措施。

由于建筑可以遮挡阳光和风，它们就在自身周围创造出一系列不同的微气候环境。设计室外活动场所的位置需综合考虑阳光和风的方向。例如，从表 2-2 可以看出，在温和湿润的夏季，当风和阳光的方向是交叉的时候，室外活动场地可以布置在建筑北边，那里有更多的阴影，并且有风吹过。然而，当夏季风和阳光的方向一致时，活动场所不应布置在北边，因为那样就没有风了。当凉风与炎热的太阳照射方向相反时，活动场所最好可以设置在有荫凉的地方，同时建筑不会遮挡住风。

**表 2-2　微气候与室外活动场所布置**

| 风向与太阳方向 | 夏季潮湿 | | 夏季干燥 | | 冬季 | |
|---|---|---|---|---|---|---|
| | 温和 | 炎热 | 温和 | 炎热 | 温和 | 炎热 |
| 交叉 | | | | | | |
| 一致 | | | | | | |
| 相反 | | | | | | |

□ 建筑　　■ 室外活动场所

表 2-2 表明，在采暖地区，室外活动场所应该布置在阳光中，并避开风的侵袭。在寒冷气候地区，夏季不需要为室外空间降温，所以把它布置在充满阳光的建筑南边是非常重要的。如果冬季风与阳光交叉或方向一致，应该采取防风措施。

在炎热气候区，制冷是要考虑的主要问题，而在温和气候区，冬季的室外活动场所还需要阳光的温暖。因此，在温和气候条件下，这些场所应该设计成同时具有良好的采暖和通风条件的空间，或者应该设计多个活动场所，使用者可以根据空间的舒适程度进行迁移。

在夏季潮湿的地区，室外活动场所应该布置在有凉风并且有遮阳的地方，遮阳可以由建筑提供，也可以通过顶部遮阳获得。在决定位置时，应首先考虑通风，其次考虑遮阳。在干热气候区，遮阳是首要的，风常常太热，或产生的灰尘太大，但夜间通风还是有利的。

室外活动场所不仅是建筑群体，还是居住区之间的纽带，将各栋建筑联系起来，形成连续的空间环境，引导人们的视线，更重要的，它还是居民休息、交往、娱乐等的各种活动场所。长期以来，很多人热衷于使用大面积花岗岩、混凝土铺装等人工铺装面，结果造成夏季严重干热。如果能结合绿化，形成遮阴，就可以有效地减少广场的蓄热量，降低对环境的长波热辐射。室外活动场所的设计主要应从以下几方面来考虑。

① 选择合适的铺地材料，尽可能地减少材料蓄热。铺地材料可根据环境空间的性质、规模、特点以及工程造价来确定。在居住小区、公园小径、庭院空间中，可采用贴近自然的铺地材料，以创造舒适的热环境。

② 加强室外空间的立体绿化。在三维空间进行立体交叉绿化设计，不仅可以通过遮阴蔽

日来降低温度，还可以通过叶面蒸腾作用为环境降温，有效减少夏季的强烈日照。

③ 注意与软式铺地的结合。硬质铺地与草坪、灌木、树木的有机结合、相互穿插，可避免铺地过于生硬，在地面景观上形成生动、自然、丰富的构成效果。同时，也可减少太阳对广场的热辐射。

④ 减少硬质场地的使用，扩大自然绿化。住区的广场及其他活动设施应根据居民的数量和使用的频率来确定规模。

### 2.3.3　建筑单体设计

#### 1. 建筑朝向

选择并确定建筑整体布局的朝向，是建筑整体布局首先要考虑的主要因素之一。朝向的选择原则是冬季能获得足够的日照并避开主导风向，夏季能利用自然通风并减少太阳辐射。"良好朝向"是相对于建筑所处地区和特定地段条件而言的，在多种因素中，日照和采光、通风是评价建筑室内空间环境的主要因素，也是确定建筑朝向的主要依据。

1) 日照和采光的影响

能否在冬季采集到温暖的阳光，以及在夏季避免骄阳炙烤，建筑物修建的方位和朝向对此有非常重要的影响。因此，建筑物首先应尽量避免设计为东西朝向，受条件所限不能保证时，可采用锯齿或错位方式布置房间，以减少东西晒。同时，可结合遮阳、绿化等措施来进一步减少西向热辐射强度。廊式空间、阳台空间的处理一方面可以减少室内的热辐射，另一方面也满足了人与自然接触、对外交往的生理及心理需求，可创造更好的人类居住环境。

建筑的大小、形状和方位可以加以调节，以获得最佳的采光遮阳效果。在大多数情况下，街道都相当宽阔，因此常常最适合在东西走向的街道南面修建高楼、栽种大树(图 2-22)。如果没有开阔的空间，那么可以在屋顶上安装朝南的高侧窗和屋顶太阳能采集装置，在屋顶上采集阳光。

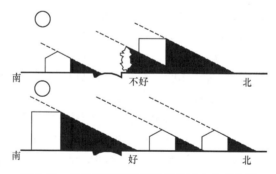

图 2-22　充分利用道路将建筑和树木合理布局

建筑总体环境布置时应注意外围护墙体的太阳辐射强度及日照时数。尽量将建筑布置成南北向或偏东、偏西不超过 30°的角度，忌东西向布置。南侧应尽量留出在空间和尺度上许可的开阔的室外空间，以利争取较多的冬季日照及夏季通风，良好的朝向是单体建筑节能设计的第一步。房屋大面外墙的方位不同，所接收到的太阳辐射热量就不同，应根据当地太阳在天空中的运行规律来确定建筑的朝向。一般建筑的朝向选择根据其朝向墙面及室内可能获得的日照时间和日照面积决定。

建筑物墙面上的日照时间决定了墙面接收太阳辐射热量的多少，如图 2-23 所示，因为冬季太阳方位角变化的范围较小，在各朝向墙面上获得的日照时间的变化幅度很大。以北京地区为例，在建筑物无遮挡的情况下，以南墙面的日照时间最长，自日出到日落都能得到日照，北墙面则全天得不到日照。在南偏东(西)30°朝向的范围内，冬至日可有 9h 日照，而东、西朝向只有 4.5h 日照。

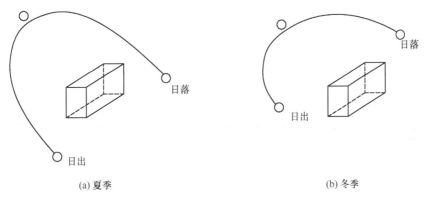

(a) 夏季　　　　　　　　　　　　　　　　(b) 冬季

图 2-23　冬夏两季太阳方位角的变化

由于夏季太阳方位角变化的范围较大，各朝向的墙面上都能获得一定日照时间，东南和西南朝向获得日照时间较多，北向较少。夏至日南偏东及偏西 60° 朝向的范围内，日照时间均在 8h 以上。

建筑物室内的日照情况同墙面上的日照情况大体相似。以北京地区(窗口宽 2.10m，高 1.50m)为例，在无遮挡情况下，冬季在南偏东(西)45°朝向范围内，室内日照时间都比较长，在冬至日，这个朝向上均有 6.5h 以上的日照时间。同时，由于冬季太阳高度角较低，照到室内的深度较大，在南偏东(西)45°朝向的范围内，室内日照面积也较大。东、西朝向的室内日照时间很短，日照面积较小。在北偏东(西)45°朝向的范围内，冬至日室内全无日照。

在南偏东(西)30°朝向的范围内，夏季日照时间较短，而且日照面积很小，夏至日室内日照时间为 4~5.5h，日照面积只有冬至日的 4%~7.3%。在东、西朝向上，夏季室内日照时间较长，而且日照面积很大。在夏至日，室内日照时间有 6h，日照面积为冬至日的 2.7 倍。在北偏东(西)45°朝向的范围内，夏至日室内日照时间为 3~5h，日照面积也比东、西朝向少。

2) 通风的影响

为了在夏季获得良好的通风，必须保障风到达通风的开口。一般来说，应避免将建筑布置在邻近建筑和绿化的风影内。在大多数情况下，应避免密集的布局方式。地形、周围绿化和相邻建筑可以形成通道，将风导向建筑。在坡地上，上风向靠近山脊处的场地比较合适；应避免在谷底的场地建造，因为可能会减弱气流运动。在建筑密度较大的地区，可以利用街道布局引导气流。如果建筑是成组布置，应该利用气流原则来决定最合适的布局方式。

当建筑垂直于主导风向时，风压最大(风压是引起穿堂风的原因)。然而，这样的朝向并不一定会使室内平均风速及气流分布最佳。对于人体来说，目的是获得最大的房间平均风速，在房间内所有使用区域都有气流运动。

当相对的墙面上有窗户时，如果建筑垂直于主导风向，则气流由进风口笔直流向出风口，除在出风口引起局部紊流外，对室内其他区域影响甚小(图 2-24)。风向入射角偏斜 45°时，产生的平均室内风速最大，室内气流分布也更好。平行于墙面的风产生的效果完全依赖于风的波动，因此很难确定。

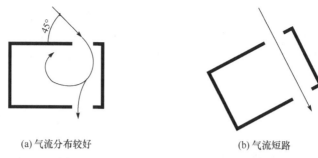

(a) 气流分布较好　　　　　　　　　　(b) 气流短路

图 2-24　相对墙面上有窗户时的气流分布

如果相邻墙面上有窗户，建筑长轴垂直于风向时可以带来理想的通风，但是从垂直方向偏离 20°～30°也不会严重影响建筑室内通风（图 2-25）。45°入射角进入建筑的风在室内的速度比垂直于墙面的风降低 15%～20%，这就允许建筑的朝向处在一个范围内，可以解决日照最佳朝向与通风最佳朝向可能存在矛盾的问题。

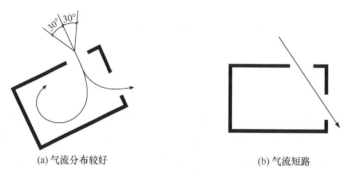

(a) 气流分布较好　　　　　　　　　　(b) 气流短路

图 2-25　相邻墙面上有窗户时的气流分布

在城镇地区，无论是街坊还是居住区，都是多排、成组布置，若风向垂直于建筑物的纵轴，则屋后的漩涡区很长，为保证后一排房屋的良好通风，两排房屋的间距一般要达到前栋建筑物高度的 4 倍左右。这么大的距离，与节约用地的原则产生矛盾，难以在规划设计中实施。为合理解决这一矛盾，常将建筑朝向偏转一定角度，使风向对建筑物产生一个风向投射角 $\alpha$，这样可以使风斜吹入室内，室内风速和气流分布会因此受到影响，但尽管室内风速有所降低，屋后的漩涡区长度却缩短了，如表 2-3 所示。

表 2-3　风向投射角和屋后漩涡区长度的关系

| 风向投射角 $\alpha/(°)$ | 室内风速降低值/% | 屋后漩涡区长度 |
| --- | --- | --- |
| 15 | 0 | 3.75H |
| 30 | 13 | 3.00 H |
| 45 | 30 | 1.50 H |
| 60 | 50 | 1.50 H |

3）综合考虑

日照和通风虽然是影响朝向的两个主要因素，但现实中常常出现这样的情况：理想的日照方向也许恰恰是不利于通风（或避风）的方向。建筑位置的好坏会影响室内用于采暖或制冷的能耗量，最理想的建筑朝向是在冬季，建筑南向可以尽可能多地获得太阳辐射，而使北向和西向免受冷风的不利影响。在南向的坡地上建房屋，冬季可能会受到冷风的不利影响，但可以把房屋建在半山腰上，利用掩土来保护房屋在冬季免受冷风的侵袭，而且还可以让南面尽可能地暴露在阳光下，以获得最大的太阳辐射热。因此，住宅的最佳朝向需依据地段环境的具体条件，有所侧重地加以选择。一般说来，朝向选择的原则包括以下几点。

(1)冬季能有适量并具有一定质量的阳光射入室内。

(2)夏季尽量避免太阳直射室内和居室外墙面。

(3)冬季避免冷风吹袭，夏季有良好的通风，即尽量使建筑大立面朝向夏季主导风向，而小立面对着冬季主导风向。

(4)充分利用地形和节约用地。

(5)考虑建筑组合的需要。

当利用太阳能的理想朝向与风朝向矛盾时，应根据建筑功能和气候条件决定哪一方面处于优先的地位。通常是优先利用太阳能，因为一般来说，自然通风的进风口设计比太阳能利用更容易适应不太理想的朝向。

在住宅的平面布局中，可以依据房间的不同用途以及使用时间来安排朝向。例如，在炎热地区，可将卧室布置在东南向，上午接受日照，下午开始散热，以便晚上休息时降低室内温度。书房或工作间则布置在西南向，下午接受日照，保证白天工作时的温度不会过高。在寒冷地区则反向布置，使工作类房间在白天保持较高的温度，休息类房间在晚上保持较高温度。

保留建筑物周围已有的树木，如果不够的话，还可以增加一些，这些树木在冬季可以挡风，夏季可以遮阳。北侧和西侧两行的常青树木在冬季可以降低风速和减少房屋的热损失。各个方向的巨大落叶乔木在夏季枝叶繁茂，可以遮阳，保证室内空气凉爽，在秋季，叶子落光，在冬季可以保障阳光进入室内(图 2-26)。

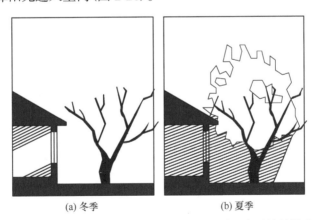

(a) 冬季　　　　　　　(b) 夏季

图 2-26　房屋南侧树木种类的选择对冬夏季室内环境的影响

对于矩形的建筑，南北朝向要比东西朝向更有利于在冬季获得太阳辐射热，在夏季减少热吸收(图 2-27)。如果建筑朝向适宜，根据太阳高度角正确地设计挑檐和窗户位置，可以使南向窗户在冬季成为一个直接的太阳热收集器，同时在夏季还能避免过多的热量进入室内(图 2-28)。

将车库布置在建筑的西侧、北侧或者西北角，可以成为冬夏季室内外热交换的一个缓冲空间，保证在夏季时，室内不至于过热，在冬季时，热损失不会太大。

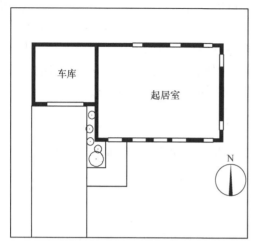

图 2-27　矩形建筑平面布局和太阳能利用

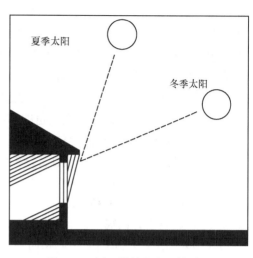

图 2-28　剖面设计和太阳能利用

　　根据热负荷的不同，公共建筑可分为两大类：内热源负荷主导建筑和表皮负荷主导建筑。前者指建筑热负荷主要来自除了采暖设备以外的内部热源(如照明、设备、人员等)或太阳负荷；后者指建筑的主要热负荷来自通过表皮的传导和空气渗透(或通风)，其远远大于来自内部热源和太阳的负荷。不同气候区中内热源负荷主导建筑和表皮负荷主导建筑应采取的气候应对方法如表 2-4 所示。

表 2-4　不同气候区中内热源负荷主导建筑和表皮负荷主导建筑应采取的气候应对方法

| 建筑类型及气候 | | 对策 | | 备注 |
|---|---|---|---|---|
| 内热源负荷主导建筑 | 表皮负荷主导建筑 | 首要 | 次要 | |
| 寒冷 | 寒冷 | 避风 | 向阳 | 为了获取日照，严格采用正南朝向<br>街道在冬季风向上不连续<br>东西向的街道间距满足春秋季节的日照 |
| | 凉爽 | 向阳 | 避风 | 为了获取日照，采用正南朝向<br>街道在冬季风向上不连续<br>东西向街道建筑满足冬至日的日照需要 |
| 凉爽 | 温和 | 冬季阳光<br>夏季通风 | 冬季避风<br>夏季遮阳 | 朝向在南偏东、南偏西 30°以内<br>调整朝向与夏季风向呈 20°～30°夹角<br>东西向街道间距考虑日照，街区沿东西向伸长 |
| 温和、干燥 | 干热 | 夏季遮阳 | 夏季通风<br>冬季阳光 | 为了遮阳，南北向街道应设计为狭窄形<br>朝向从正南向旋转，以增加街道的阴影<br>若需要，东西向街道间距考虑日照，街区沿东西向伸长 |
| 温和、湿润 | 湿热 | 夏季通风 | 夏季遮阳<br>冬季阳光 | 街道朝向与夏季风向呈 20°～30°夹角<br>从正南向旋转调整朝向，以增加街道阴影<br>若需要，东西向街道间距考虑日照，街区沿东西向伸长<br>街道较宽，以便通风 |
| 干热 | 干燥、炎热 | 所有季节<br>遮阳 | 夜间通风<br>白天避风 | 为了遮阳，南北向街道应设计为狭窄形<br>街区沿南北向伸长，如果呈东西向，立面需遮阳<br>较宽的车行道沿东西向 |
| 湿热 | 湿润、炎热 | 所有季节<br>通风 | 遮阳 | 街道朝向与主导风向呈 20°～30°夹角<br>考虑次主导风向的影响<br>为通风创造最大的通路，但不应是硬质地面 |

表 2-5 为根据日照和风向条件总结出的我国部分地区的建议建筑朝向。

**表 2-5 我国部分地区的建议建筑朝向**

| 地区 | 最佳朝向 | 适宜朝向 | 不宜朝向 |
|---|---|---|---|
| 北京地区 | 南偏东 30°以内<br>南偏西 30°以内 | 南偏东 45°以内<br>南偏西 45°以内 | 北偏西 30°~60° |
| 上海地区 | 南至南偏东 15° | 南偏东 30°<br>南偏西 15° | 北、西北 |
| 石家庄地区 | 南偏东 15° | 南至南偏东 30° | 西 |
| 太原地区 | 南偏东 15° | 南偏东至东 | 西北 |
| 呼和浩特地区 | 南至南偏东<br>南至南偏西 | 东南、西南 | 北、西北 |
| 哈尔滨地区 | 南偏东 15°~20° | 南至南偏东 20°<br>南至南偏西 15° | 西北、北 |
| 长春地区 | 南偏东 30°<br>南偏西 10° | 南偏东 45°<br>南偏西 45° | 北、东北、西北 |
| 沈阳地区 | 南、南偏东 20° | 南偏东至东<br>南偏西至西 | 东北、东、西、西北 |
| 济南地区 | 南、南偏东 10°~15° | 南偏东 30° | 西偏北 5°~10°<br>西、北 |
| 南京地区 | 南偏东 15° | 南偏东 25°<br>南偏西 10° | |
| 合肥地区 | 南偏东 5°~15° | 南偏东 15°<br>南偏西 5° | 西 |
| 杭州地区 | 南偏东 10°~15° | 南、南偏东 30° | 北、西 |
| 福州地区 | 南、南偏东 5°~10° | 南偏东 20°以内 | 西 |
| 郑州地区 | 南偏东 15° | 南偏东 25° | 西北 |
| 武汉地区 | 南偏西 15° | 南偏东 15° | 西、西北 |
| 长沙地区 | 南偏东 9°左右 | 南 | 西、西北 |
| 广州地区 | 南偏东 15°<br>南偏西 5° | 南偏东 22°~30°<br>南偏西 5°至西 | |
| 南宁地区 | 南、南偏东 15° | 南偏东 15°~25° | 东、西 |
| 西安地区 | 南偏东 10° | 南、南偏西 | 西、西北 |
| 银川地区 | 南至南偏东 23° | 南偏东 34°<br>南偏西 20° | 西、北 |
| 西宁地区 | 南至南偏西 30° | 南偏东 30°至南偏西 30° | 北、西北 |

注：如果建筑场地已经被周围物体遮挡，那么朝向对节能就不再是重要的影响因素了。若仅是建筑下部被遮挡，上部仍应按照太阳能利用和自然通风的原则进行设计。

## 2. 建筑体形

体形是建筑作为实物存在必不可少的直接形状，所包容的空间是功能的载体，除满足一定文化背景和美学要求外，其丰富的内涵也令建筑师神往。然而，节能建筑对体形有特殊的要求和原则，不同的体形对建筑节能效率的影响会大不相同。体形设计是建筑艺术创作的重要部分，结合节能策略的建筑体形设计可以赋予建筑创作更多的理性，并为之带来灵感，而对建筑体形的节能控制则可为建筑节能打好了坚实的基础。

1) 建筑体形的选择

建筑体形是一幢建筑物给人的第一直观印象，建筑师在选择建筑体形时的出发点是多种多样的，或许是基地形状的限定，或许是建筑内部空间的直接外部表现，或许是出于某种寓意的象征，或许是多种目的的综合结果。由于决定因素不同，建筑体形的形态千变万化，其中以节能为目的的建筑体形设计是重要的一种，建筑体形决定了一定围合体积下接触室外空气和光线的外表面积，以及室内通风气流的路线长度，因此体形对建筑节能有重要影响。不同气候区及不同功能的建筑，为满足节能要求而所塑造的建筑体形是不同的。从节能角度出发来进行建筑体形的设计已经成为许多建筑师的设计构思，并由此创作了许多新颖别致、令人耳目一新的建筑作品。通过节能策略和建筑体形设计的结合，实现了建筑技术与艺术的完美组合。基于节能构思的建筑体形设计主要从以下几个方面着手考虑。

(1) 保温方面考虑。

以保温为目的的体形构思多从最大程度上获取太阳能的同时减少热损失的角度出发，通常采取扩大受热面、整合体块和减少体形系数等方法。

在德国柏林的马尔占低耗能公寓大楼(图 2-29)设计之初，研究人员就研究了体形与能源利用之间的关系。在柏林的严冬里，最主要的能源需求就是空间取暖，因此研究人员开始研究了表面积与体积的关系，他们设计了 6 个原始的建筑拓扑样式，平面图分别是正方形、长方形、圆形、半圆形、弧形和扇形，所有体形都设定为 6 层高，总建筑面积为 6000m²，并计

 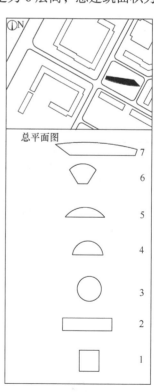

(a) 实景图　　　　　　　(b) 建筑体形分析

图 2-29　德国柏林的马尔占低耗能公寓大楼

算了每种体形所要求的年耗能量，以便做出比较。在计算过程中，综合考虑了体形系数以及建筑阳面所吸收的太阳能对取暖的巨大作用。研究结果表明，在前 5 种样式中，圆柱形建筑在冬季所需的能量最低。但是如果扇形建筑比例控制得当，也可以达到相同的效果。与圆柱形样式相比，扇形样式的优点是所有的公寓都可以有阳面，也顺应了该基地提供的条件。要达到这一效果，应使建筑体形拉长，以增加向阳面，并使建筑北面尽量短，同时系统地调整东西两面的长度，直至达到"最佳状态"，最终形成了第 7 个方案。

图 2-30　对角正方体住宅

由托马斯·赫尔佐格构想的对角正方体住宅如图 2-30 所示，其建筑的体形近似正方体，以对角线为轴，在南北方向放置，同时满足了减少外界总量和增加外界受热面的要求，实现了得热和失热的统一。

(2) 从太阳能利用角度考虑。

建筑南向玻璃在向外散失热量的同时也将太阳辐射引入室内，如果吸收的太阳辐射热量大于向外散失的热量，则这部分"盈余"热量能够补偿其他外界面的热损失。受热界面的面积越大，补偿给建筑的热量就越多。因此，太阳能建筑的体形不能以外表面面积越小越好来评价，而是以南墙面的集热面足够大来评价。

例如，虽然米尔福德环境保护中心北向墙面积最大，但是屋顶上的天窗增加了南向的玻璃集热面，太阳光也可以进入建筑内的北侧空间(图 2-31)。

图 2-31　米尔福德环境保护中心

(3) 采光和通风。

为了达到采光和通风的目的，建筑师通常设计研究具有自遮阳效果或者有利于自然通风的体形。除了建筑体量非常小的情况外，紧凑的体形通常会使得建筑的大部分面积都远离周边可以利用自然采光的区域，并且不利于夏季的自然通风，增加了建筑的照明能耗和空调能耗；建筑周边的冬季采暖负荷和中心的夏季制冷负荷之间存在矛盾，要求建筑配备复杂的空调系统，这必然增加了成本。

更为重要的是，过于紧凑的体形限制了新鲜空气、自然光以及向外的视野，损害了人体健康。近 20 年的医学研究表明，室内自然光的减少与人的抑郁、紧张、注意力涣散、免疫力低下都有很大的关系，对于医院来说，窗口过小、视野受限可能会增加病人的病痛，延长其康复的时间。因此，我们需要在节约能源和人体健康之间做出很好的平衡，尤其是医疗建筑，更需要良好的空气流通、自然光线和室外景观。

强调自然采光和自然通风的理想建筑体形应当是狭长伸展的，使更多的建筑面积靠近外墙，尤其在湿热气候区。建筑可以设计成一系列伸出的翼，这样就能在满足采光和通风的同时减少土地占用(图 2-32)。翼之间的空间不能过于狭小，否则会相互遮挡。如图 2-33 所示，位于德国的 Siegen 技术中心，是一座 3300 m² 的多功能建筑，有办公区、实验研究区和制造区。紧凑的实验研究区和制造区在北侧连接了综合体的各部分，而办公区形成三个向南伸展的三层翼楼，有利于自然采光和通风。由于交通流线的要求，必须设计成紧凑布局的建筑可以通过院落或中庭组织获得采光和通风，如德国纽伦堡市某医院，围绕着花园院落的每间病房都可以获得良好的自然采光和通风(图 2-34)。

图 2-32　利于采光的建筑平面

图 2-33　德国 Siegen 技术中心

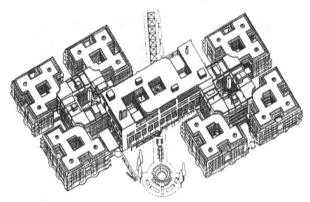

图 2-34　德国纽伦堡市某医院鸟瞰图

图 2-35　干城章嘉公寓

如图 2-35 所示为印度建筑师查尔斯·柯里亚设计的干城章嘉公寓，当地最好的方向是朝西，有来自西边的阿拉伯海的凉风(主导风向)，所以每户均朝西。但也有不利因素，如午后的烈日以及风雨等。为了解决这个矛盾，每户都设计一个二层楼高的大阳台。通过重复两种不同单元的相互组合构成了凹凸有致的建筑外形，这些朝东或朝西的花园阳台成了居民们主要的生活空间。住户的平面东西贯通，都有穿堂风，这在湿热地区是十分必要的。这种布置方式与居民们长期以来所形成的生活习惯十分适应，他们在一年中的一定季节、在一天中的一定时辰里，就把阳台当作起居室和卧室。

从上述几例建筑来看，增加建筑的外表面积似乎降低了建筑的热性能，但设计良好的自然采光和通风系统所节约的照明能耗和空调能耗将会弥补，甚至超过因外表面积增大而带来的冬季热损失。

综上所述，我们必须在减少围护结构传热的紧凑体形和有利于自然采光、太阳能得热、自然通风的体形之间做出选择。理想的节能体形由气候条件和建筑功能决定：严寒气候区的建筑及那些完全依赖空调的建筑宜采用紧凑的体形；在湿热气候区，狭长的建筑接触风和自然光的面积较大，便于自然通风和采光；在温和气候区，建筑的朝向和体形选择可以有更多的自由。

（4）关于遮挡的考虑。

设计建筑的体形时，如果需要考虑相邻建筑或未建场地利用日照的可能性，就需要引入太阳围合体（solar envelope）的概念。太阳围合体指特定场地上不会遮蔽毗邻场地的最大可建体积，其大小、形状由场地的大小、朝向、纬度、需要日照的时段及毗邻街道或建筑容许的遮阳程度决定（图 2-36）。

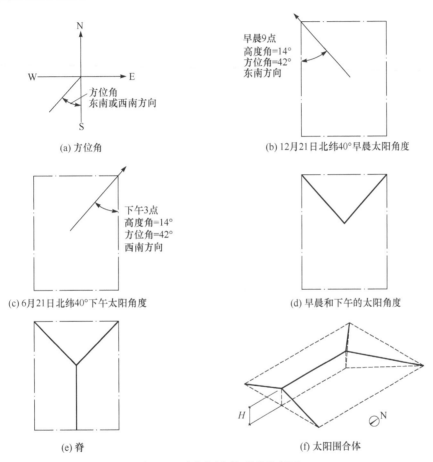

(a) 方位角

(b) 12月21日北纬40°早晨太阳角度

(c) 6月21日北纬40°下午太阳角度

(d) 早晨和下午的太阳角度

(e) 脊

(f) 太阳围合体

图 2-36　太阳围合体形成示意图

一旦场地的朝向和形状确定了，太阳围合体的形状就由需要日照的时段决定。例如，位于北纬 40°的某块场地，要求全年早晨 9 点至下午 3 点之间不能遮挡毗邻场地的日照，所以选择太阳高度角最低的时候（12 月）确定体形北边的坡度，选择太阳高度角最高的时候（6 月）确定体形南边的坡度，如图 2-36 所示。由于在早晨 9 点前和下午 3 点后可以遮蔽毗邻场地，那么 12 月 21 日早晨 9 点和 6 月 21 日下午 3 点的太阳位置就决定了太阳围合体的最大体积，图 2-37 所示为在一定太阳围合体内的假想建筑。

确定不被遮蔽的场地或建筑的边界（称为阴影栅栏）时，可以包括街道和空地的宽度，其高度可以根据不同的周边条件进行人为地调整，它可以是窗台的高度或界墙的高度，这个高度也与毗邻土地的用途有关，住宅的阴影栅栏高度就比公共建筑或工业建筑低。

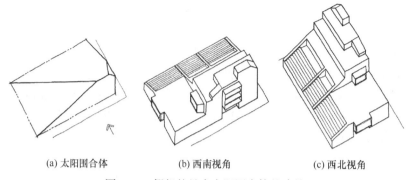

(a) 太阳围合体　　　　　　(b) 西南视角　　　　　　(c) 西北视角

图 2-37　假想的具有太阳围合体的建筑

太阳围合体也可以用在分期建设的地块，每个阶段的建造都应被包含在整块地的太阳围合体范围内(图 2-38)。

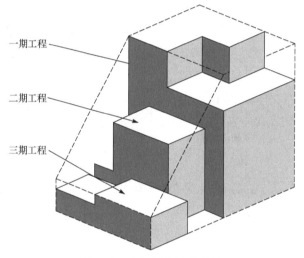

一期工程

二期工程

三期工程

图 2-38　太阳围合体示意图

2) 建筑体形的控制

建筑外界面是建筑与环境之间进行热交换的通道，由于建筑体形不同，室内与室外的热交换过程中的界面面积也不相同，并且因形状不同带来的角部热桥部位的增减也会给热传导造成影响，所以需要设计对节能有利的体形。

主要是通过调整体形系数来完成体形控制。体形系数是指被围合的建筑物室内单位体积所需建筑围护结构的表面面积，以比值 $S=F_0/V_0$ (式中，$F_0$ 表示体积，$V_0$ 为面积)描述。在建筑节能概念中，要求用尽可能小的建筑外表面汇合尽量大的建筑内部空间，$F_0/V_0$ 越小则意味着外表面积越小，也就是能量的流失途径越少。我国的建筑节能规范对体形系数提出了控制界线，例如，对于严寒、寒冷地区的居住建筑，当 $F_0/V_0<0.3$ 时，体形对节能有利，可为建筑实施节能目标提供良好的基础；当 $F_0/V_0 \geqslant 0.3$ 时，表明外表面积偏大，会对节能带来负面影响，应重新检讨体形设计。

体形系数与建筑形状直接相关，同时与建筑总高度或层高、建筑物进深、建筑联列情况、建筑层数等建筑要素有联系，体形系数随以上要素变化而呈一定规律变化。

建筑物的设计过程中，对其最终的热损失有影响的因素主要包括：①建筑物围护结构材料的热工性能；②建筑物围合体积及所需的面积。

　　建筑师在设计过程中，可以通过相应的技术措施对以上两个因素实施控制，但是对于某一确定的建筑空间和建筑围护结构，在选择建筑平面形状(长、宽和高)时有很多变换方式，同样能满足建筑功能的要求，而所需的外表面积不同，这种差异就会导致建筑物热损失不同。

3. 空间分区

1)从热利用角度考虑

(1)居住建筑。

　　**首先是温度分区**。人们对各种房间的使用要求不同，以及在室内的活动情况不同，因而对各房间室内热环境的需求也有很大区别。居住者大部分时间生活在起居室和卧室内，对这部分的热舒适指标比较关心，可以布置于采集太阳热能较多的位置以保证室温；而对厨房等空间则要求不高，可以将其放在西北侧，利用主要房间的热量流失途径加温，同时，厨房等可作为主要房间热量散失的"屏障"，利用房间形成双壁系统，以保证主要房间的室内热稳定，具体表现为起居室与卧室的室内计算温度均比厨房等高 3～4℃。因此，在设计中，针对热环境的需求，提出了"温度分区法"的概念，即将主要空间设置于南面或东南面，充分利用太阳能，使室内保持较高的温度，把热环境要求较低的辅助房间，如厨房、过厅等布置在较易散失能量的北面，并适当减少北墙的开窗面积。实践证明，这是一种有效的，又不会增加投资的节能设计方法。

　　例如，柏林市的某节能住宅，其室内布局的特点在于将人活动较多的起居室、家务室、休息区集中在朝阳的南边，而将卫生间、公共通道等安排在北边阴面。建筑南立面为通长大阳台，每户住宅都带有落地窗(图 2-39)，北立面墙上开有较少较小的窗户(图 2-40)，南面与北面的建筑形象形成鲜明的对比。由于南面在设计上采用通长大阳台落地窗，在冬季可最大限度地接受阳光照射，而夏季又有良好的通风效果，而北面封闭的立面则阻挡了寒流的侵入，起到被动节能的作用。

图 2-39　节能住宅南立面

图 2-40　节能住宅北立面

在今天，人们对生活舒适条件的要求越来越高，要在卫生间中进行洗浴活动，对这一空间的采暖要求也逐渐提高，这改变了把卫生间也划分在温度要求较低的空间里的传统观念，所以在目前的设计中应考虑将其归入热环境要求高的空间中。

对建筑物平面进行温度分区的方式主要有以下几种：围合法、半封闭法和三明治法（图 2-41）。

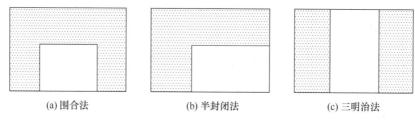

(a) 围合法　　　　　　　　(b) 半封闭法　　　　　　　(c) 三明治法

图 2-41　温度分区示意图

**其次是太阳房的利用**。各式各样的太阳房不仅可以创造出独特的建筑形式，而且能够节省能源，减少额外的热损失，在一年的大部分时间里都可以创造比较舒适的室内热环境。

住宅的平面和空间形式可以捕捉并储存太阳能，供白天和夜间使用。理想的生态住宅形式是南北朝向并且卧室在南向（图 2-42），但是由于受到基地等条件的限制，这个理想的形式并不总能实现，但还是应该尽可能做到。

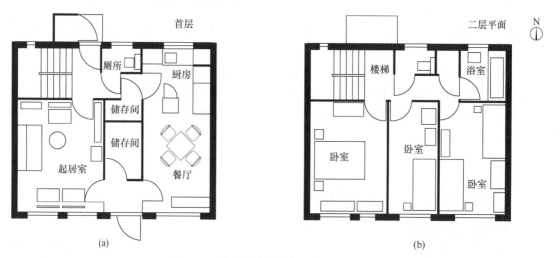

图 2-42　典型的被动式太阳房的平面形式

太阳能量的储存主要是靠大面积的南向窗户，但前提是房屋的整体保温隔热性能要好。原有的南向或者后来附加的大面积的玻璃空间或门廊可以增加太阳热的获得并减少热损失。太阳房热量的储存可以从以下几个方面来考虑：夜间取暖（图 2-43）、预热通风（图 2-44）、设置门廊缓冲区（图 2-45）、白天蓄热（图 2-46）。

如果太阳房保温性能差，白天储存的热量在晚上就会流失，所以有必要提醒屋主到了晚上需要关闭所有百叶窗或是保温窗帘以阻止热量流失。如果太阳房的温度明显比居住空间还要低，必须关闭它们之间的通风设备及门缝、窗缝。

被动式太阳房在获得热量的同时必须考虑天然采光，以确保各项性能都比较优越，天然采光设计将在下一节详细讨论。

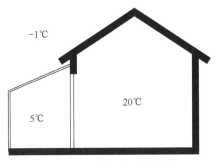

图 2-43　夜间取暖示意图

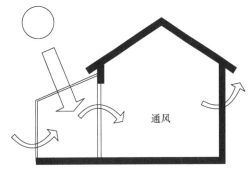

图 2-44　预热通风示意图

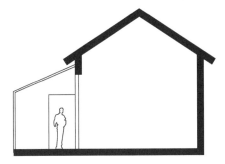

图 2-45　门廊缓冲区示意图

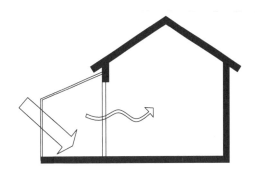

图 2-46　白天蓄热示意图

如果在建筑周围布置得当的落叶树木，那么在夏季可以利用茂密的枝叶为房屋遮阳，从而防止南向房间过热，冬季树叶落了又可以让更多的阳光照射进来。但是必须注意的是，如果树木种植过密，阴影过多，即使种植落叶乔木，在冬季进入室内的阳光也会减少 50%左右。

对于被动式采暖的房屋，热量的储存要依靠房屋构件自身，因而储存热量和分配热量比收集热量更为关键，一般被动式采暖的房屋采用蓄热性能好的材料，如砖、石、混凝土、水等建造墙体和楼板（在间接的热系统内，在专门的蓄热区内采用高蓄热材料），充当蓄热体。白天，蓄热体吸收并储存太阳热量，夜间室温下降时再将储存的热量辐射给房间。

直接得热系统的关键问题是使阳光尽可能多地直接照射在房屋上，从而使其均匀受热，可采用的方法有：沿东西向建造长而进深小的房屋；将进深小的房屋垂直加高以获得更多的南墙；在北向房间设置南向天窗；沿南向山坡建造阶梯式房屋，使每一层房间都能受到阳光直射；在屋顶设置天窗，使阳光能够直接加热内墙等（图 2-47）。

由于房屋本身就是加热器，常采用混凝土、砖、石或土坯来建造直接得热系统的楼板和厚墙，以提高房屋的蓄热性能，楼板和墙体常采用深色瓷砖或石板镶嵌。

直接得热式供暖建筑升温快、构造简单，不需要增设特殊的集热装置，投资较小，管理方便，因此是一种最容易推广使用的太阳能采暖方式，其缺点是大量阳光进入室内易产生眩光。

特朗伯墙由向阳表面涂成深色的混凝土墙和外覆玻璃的砖石墙构成，玻璃与墙体之间有空气层，玻璃和墙体上下均留有通风孔（图 2-48）。冬季白天，空气层内的空气被太阳加热，并通过墙顶与底部的通风孔向室内对流供暖，夜间靠墙体本身的储热向室内供暖。夏季，特朗伯墙通过两种方式帮助房屋降温，一种是利用墙体蓄热性能吸收室内热量；另一种是利用烟囱效应强化自然通风。

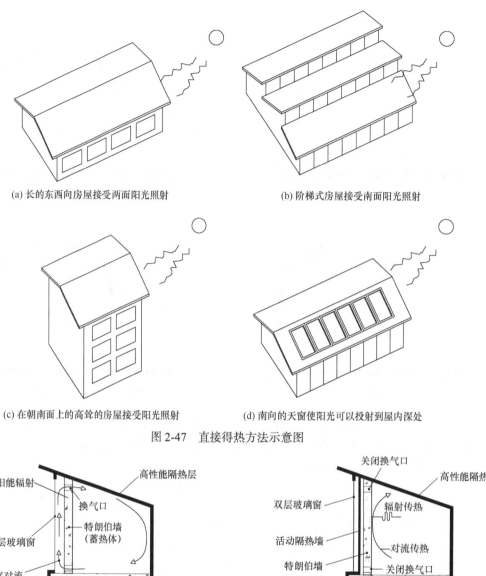

(a) 长的东西向房屋接受两面阳光照射

(b) 阶梯式房屋接受南面阳光照射

(c) 在朝南面上的高耸的房屋接受阳光照射

(d) 南向的天窗使阳光可以投射到屋内深处

图 2-47　直接得热方法示意图

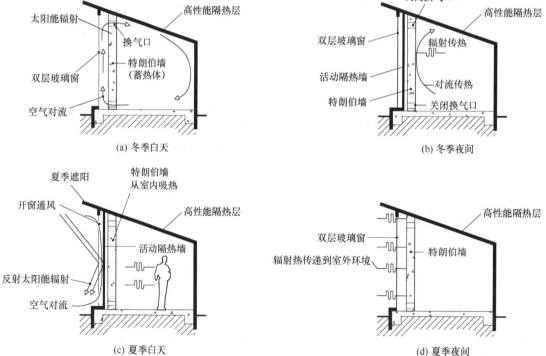

(a) 冬季白天

(b) 冬季夜间

(c) 夏季白天

(d) 夏季夜间

图 2-48　特朗伯墙在不同季节的工作原理

除非房屋与阳光间之间的墙是特朗伯墙，否则该墙在靠近房屋的一侧要有很好的保温措施，以免夜间室内的热量散失到阳光间里。在夏季，附加的阳光间要进行遮阳，打开窗户和阳光间上部的通风孔，阳光间可起到降温的作用。

为了保证南向主要房间能够达到较高的太阳能供暖率，房间的进深不宜太大，根据经验一般取值为不大于层高的 1.5 倍时比较合适，这时可保证集热面积与房间面积之比大于 30%，从而保证房间具有较高的太阳能供暖率。

由于多高层住宅单元门多为朝北，冬季会有大量冷空气灌入楼梯间，通过楼梯间薄墙和户门吸走室内热量，会使该单元住宅室温下降 1~3℃，多消耗的热能是全部采暖能源的 10%。经过估算，每年冬季，北京市由于单元门敞开所造成的热能损失大概相当于烧掉采暖用煤 20 万吨，因此在住宅单元的出入口采取防冷风侵入措施就显得更加重要。在入口处做门斗时，应将门斗的入口方向转折 90°，转为朝东，使出入方向避开冬季最多风向——北向和西北向，以免冷风直接灌入，并且要注意密封良好。

门斗的设置，必须保证有足够的宽度，使人们在进入外门之后，能有足够的空间先把外门关上，然后再开启内门。对于有转折的门斗，其尺寸还应考虑大件家具以及紧急救护担架出入的需要。

在寒冷地区，住宅楼梯间一般不采暖，如果冬季不做好保温和密闭防风，由于外界冷空气的侵入，楼梯间内的温度就会接近于室外温度。楼梯间墙及户门的保温性能远低于外墙，大大增加了散热量。因此，必须将楼梯间由过去的开敞式改为封闭式，特别要注意保温和密闭防风。在有条件的情况下，可在冬季主导风向一侧设置挡风墙或种植常绿树木。

(2) 公共建筑。

公共建筑中一些房间对温度没有严格的要求，可作为缓冲区，如商业建筑中的楼梯间、储藏室和卫生间等，这些区域应适当集中，尽量沿西向或东向布置，以减少营业厅的直接太阳辐射得热。实践证明，这是一种有效的，又不会增加投资的节能设计方法。

如果缓冲区朝南，它可以为附近空间供热，这种情况下其温度接近于室内温度。如果朝向东、西、北，它可以减小围护结构的热损失，但是无法在冬季提供太阳得热。

在许多建筑的中心区域，由于设备和人员密集，会产生大量的热量。有采暖需求的建筑可以利用这样的热源提供部分热量，这类热源可以布置到利于向北面供暖的区域。

在温暖气候区，制冷需求占主导地位，产热区应该与其他空间隔离开。例如，商业建筑中应考虑商品自身发热及所需照明设备的发热量对周围环境的影响，散热量很大的电器的售卖区一般应布置在顶层，以避免影响其他营业空间，并且可以设计单独的通风系统。

理想的被动式太阳能采暖建筑在南北进深方向不超过两个分区，这种布局使建筑南面收集的太阳热能可以传递到北面。但是公共建筑往往在进深方向有多个分区，这为节能设计带来了挑战，这种大进深建筑需要有效地组织平面和剖面。几种将阳光引向建筑深处的方法如图 2-49 所示，进深方向的两个或多个房间可以交错布置，使每个房间都获取阳光。北向无日照的房间可以与有日照的区域通过对流传热。房间被连接空间或走廊呈东西向连接在一起，这个连接区域可以用来收集和储存热量，当需要热量时，每个房间都可以向连接区域敞开，向南的中庭或具有透明屋顶的中庭能起到同样的作用。

如果建筑受场地限制，必须沿南北向布置，可以在剖面上呈阶梯式布置，使更多的北向房间在南向房间上方获取热量。平坦场地上，北向房间下部的空间难以获取热量，把坡屋顶和夹层相结合，顶部阳光可以被引入北向深处。高房间常常可以获取南向阳光，并把热量传递给小房间,高房间可以在南边、北边,也可以在小房间之间。另外,一个大房间或巨大的屋顶可以包容小房间,屋顶可以是台阶式的、倾斜的。或者设置天窗,将阳光引入建筑中心和北边。要注意倾斜的玻璃容易积尘,更需要做好防水。例如,比利时 Tournai 小学(图 2-50)南向中庭上覆盖着倾斜的玻璃屋顶,室内一系列跌落的半开敞楼层可以让阳光深入照射到建筑深处,每层都与中庭通过窗户相连。

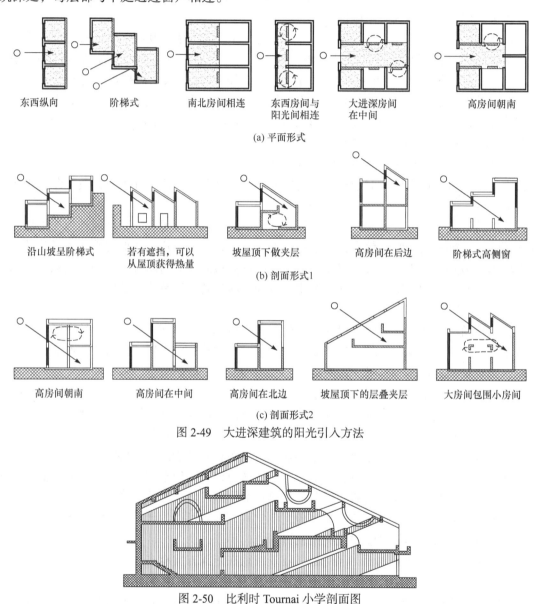

东西纵向  阶梯式  南北房间相连  东西房间与阳光间相连  大进深房间在中间  高房间朝南

(a) 平面形式

沿山坡呈阶梯式  若有遮挡,可以从屋顶获得热量  坡屋顶下做夹层  高房间在后边  阶梯式高侧窗

(b) 剖面形式1

高房间朝南  高房间在中间  高房间在北边  坡屋顶下的层叠夹层  大间包围小房间

(c) 剖面形式2

图 2-49　大进深建筑的阳光引入方法

图 2-50　比利时 Tournai 小学剖面图

公共建筑的性质决定了其外门启闭频繁的特点,对于入口朝北的建筑,冬季开启外门时会有大量冷空气灌入,因此在出入口采取有效的防冷风侵入措施就显得更加重要。

2)从采光角度考虑

在建筑节能设计中,照明耗能是整个建筑节能的重要部分,因此提倡尽可能多地利用天然采光而减少人工照明的使用。但是玻璃窗损失的热能是同等面积墙体的 6 倍,必须对采光和热损失进行优化设计。

所有朝向均有自然采光的可能性，采光最大的挑战是为最需要的区域提供光线，如建筑北向房间、内部空间和地面层等。低层建筑的自然采光较好，单层建筑中所有的室内空间都有可能引入自然光线。多层建筑的采光要困难一些，这时就应该在增加占用土地和利用自然采光之间做权衡。

不同功能空间接受天然光的程度不尽相同，一般建筑空间接受采光的难易程度如表 2-6 所示。要求高亮度和低可变性的场所是最难以进行自然采光的空间，因为一天中的光线本身就是易变和不稳定的。

表 2-6　一般建筑空间接受采光的难易程度

| 空间 | 光线亮度 | 可接受的可变性 | 采光的难易程度 |
| --- | --- | --- | --- |
| 医疗 | 高 | 低 | 低 |
| 计算机工作场所、办公室 | 中 | 中 | 中 |
| 走廊、盥洗室、餐饮区 | 低 | 高 | 高 |
| 零售店(食品、商店) | 高 | 高 | 高 |

根据前面讨论的标准和空间的功能，可以确定最佳的采光场所。最不需要遮阳控制以及需要高照度的区域，是最适合自然采光的场所，如入口大厅、接待区、走廊、楼梯间、中庭等；低照度要求的区域常常布置在建筑中心，如电梯、机械室、储存室和服务区域等，这样就可以减小造价相对较高的围护结构和玻璃窗的面积，降低建筑的体形系数和照明用电的消耗。西面的光线通常很难控制，常常导致很高的制冷负荷和因眩光引起的视觉不适，所以西面最好用作辅助房间，或对光线变化无要求的空间，应避免设置工作区域。当然，如果采用了有效的外部设施控制直射阳光和眩光，西朝向也是可以利用的。

如图 2-51 所示，阿尔瓦·阿尔托设计的俄勒冈州 Mount Angel 图书馆可分成两个主要的区域：需要充足光线的阅读区域和不需要很充足光线的藏书区域。阅读区域靠近外墙上的开口，位于中心天窗下，而藏书区域位于两个阅读区域之间，离光源很远。路易斯·沙里宁设计芝加哥会堂大厦时运用了相似的手法，建筑外围布置了需要采光的办公室，需要灯光控制的观众厅则布置在建筑较黑暗的中心(图 2-52)。

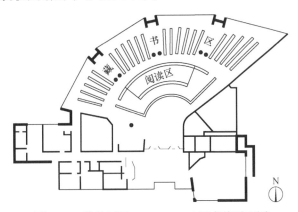

图 2-51　俄勒冈州 Mount Angel 图书馆平面图

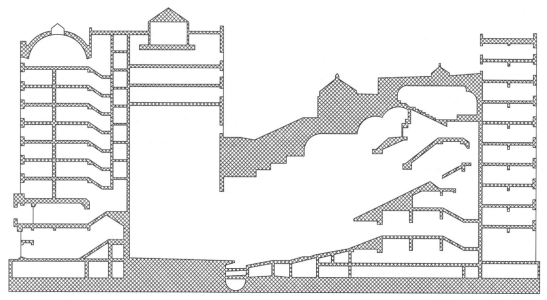

图 2-52　芝加哥会堂大厦平面图

**3）从通风角度考虑**

为了加强自然通风，进行室内设计（包括平面功能组合、空间处理）时，应创造有宽敞断面、流畅贯通的空间（图 2-53），同时有效改善建筑通风的质量。

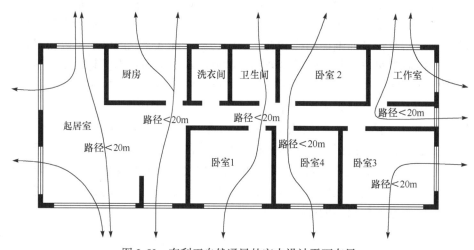

图 2-53　有利于自然通风的室内设计平面布局

具体做法就是尽量减少墙体壁面、构筑物、陈设和家具造成的空间阻力，可以从以下几方面着手。

（1）加大进深。室内空间形成较大进深，即当进深：面宽≥1∶0.85（层高为 2.8～3.2m 时）时，对通风非常有利，可以改善通风质量。

（2）设置双向走廊。建筑纵向平面采取双廊式，使建筑空间的通风出入口均朝向室外，并且有外廊的导风配合，可以有效地加强室内自然通风。双向走廊方式主要有以下作用：①有效形成风力压差——建筑使用空间两端设进出风口，可对室内空间产生直接的正负压，而且其风力压差直接作用于室内空间，对改善室内通风效果明显；②走廊导风——由于走廊空间的延续性，对室外气流起到汇集、导风作用，有利于建筑洞口形成正压；③风凉区——由于走廊的遮阳作用而产生舒适的风凉区，可以降低室外空气温度，有效地改善室内的舒适度。

(3)减阻增速。为了加强建筑室内风洞效应的通风作用，在通风流径的各环节中必须减少由于布局不当而形成的阻力，来提高风速，主要方法如下：①进出风口对位——作为产生风洞效应的室内空间，窗的相对位置应对齐，以保证通风径直贯穿通过，减少由于洞口位置不当而引起的空气阻力；②家具陈设——家具宜沿墙陈设布置，室内空间不进行有碍于通风的空间固定区划，家具表面应光洁、平整。

如图 2-54 所示，为组织好穿堂风，应合理安排门窗位置。图 2-54(a)的流线及流速较好，但房门常按图 2-54(b)设计，因此可增设内窗通风，如图 2-54(c)所示。当房间有侧窗时，气流大都按短路流出，如图 2-54(d)所示。

如图 2-55 所示，在风向有日变化的地区，平面布置及房间的开口应考虑有回风的可能。

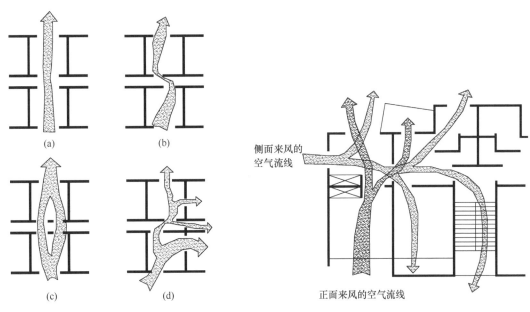

图 2-54　四种不同门窗布局对通风的影响　　图 2-55　考虑风向有变化的平面布局

如图 2-56 所示，开启和关闭储藏室门，可以调整气流的流场分布，以及控制床位附近的气流和流速；同时，小天井可以排除厨房、厕所的污气。

如图 2-57 所示，应尽量减少遮挡和避免挡风，空气流线要通畅，图中楼梯间两边的平面布置有利于通风。同时，敞开式楼梯间或加大楼梯间门窗对自然通风更有利，并可降低中间地区的温度。

如图 2-58 所示，在楼层间做通风层，直接与室外相通，可取得较好的自然通风效果，特别是热压作用下可以达到更好的效果。

如图 2-59 所示，用小天井通风换气是一种较好的方法，无论在风压或热压作用下都可以起到良好作用。

如图 2-60 所示，在我国南方或东南亚地区(如越南、印度尼西亚、缅甸、柬埔寨等国家)，许多架空房屋的木(或竹)地板留有缝隙，以便通风，效果良好。

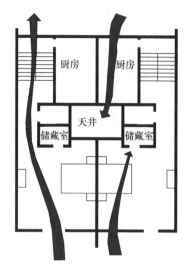

图 2-56　充分利用储藏室和天井进行通风

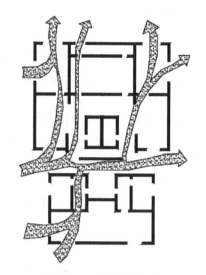

图 2-57　穿堂风的组织

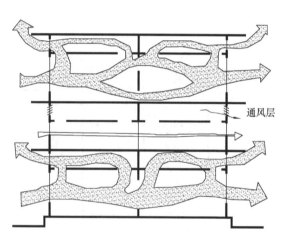

图 2-58　楼层间的通风设计

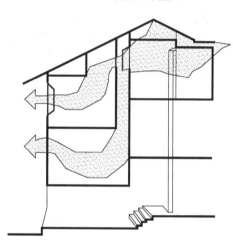

图 2-59　小天井通风换气

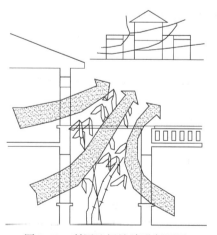

图 2-60　利用地板缝隙进行通风

### 2.3.4  围护结构设计

在拥挤的城市环境中，建筑选址、体形和朝向往往受到诸多因素的制约，没有太多的灵活性可言，因此很多情况下建筑师用来调节建筑气候的主要手段就是围护结构设计。

虽然好的建筑体形和朝向对于减少过多的太阳辐射热量十分重要，但是也可以通过建筑围护结构设计抵消因不当朝向和体形造成的部分得热量，此类设计方法包括采用浅色外墙面和局部遮阳的窗户、采取足够的保温措施等。同样地，通过立面和窗户的细部设计也可以部分补偿不当的朝向所引起的通风问题。

从适宜居住的角度讲，我国绝大部分地区的居住建筑都需要采取一定的技术措施来保证冬夏两季的室内热舒适环境。冬夏两季，室内维持的温度与室外的温度有很大的差别，这个温差导致能量以热的形式流出或流入室内，采暖、空调设备消耗的能量主要用来补充这个能量损失。在相同的室内外温差条件下，建筑围护结构的保温隔热性能直接影响到流出或流入室内的热量的多少。建筑围护结构的保温隔热性能好，流出或流入室内的热量就少，采暖、空调设备消耗的能量也就少；反之，建筑围护结构的保温隔热性能差，流出或流入室内的热量就多，采暖、空调设备消耗的能量也就多。

提高建筑围护结构的保温性能，完全有可能抵消由住宅体形系数增大和窗墙比增大带来的负面影响，仍可使住宅建筑达到节能的目的。

我国现行的居住建筑节能设计规范有《夏热冬暖地区居住建筑节能设计标准》(JGJ 75—2012)、《夏热冬冷地区居住建筑节能设计标准》(JGJ 134—2010)，这些规范中都对不同分区中建筑围护结构中各部分传热系数的限值做了规定，也就是说为了达到节能目的，各地区中围护结构的传热系数必须达到规范要求。对于建筑师而言，这些节能参数并不制约设计，可以在满足规范要求的前提下创造出更加丰富多彩的建筑形式。

#### 1. 墙

在一栋建筑的外围护结构中，墙体所占的比例最大，通过墙体传入或传出的热量也最多。因此，首先要注意提高墙体的保温隔热性能，减少通过墙体的热损失。提高墙体保温隔热性能的方法大致分为如下两种。

1)一般做法

外墙保温隔热性能的控制主要通过墙体构造来体现，具体做法在第 5 章里详细讨论。此外，除了满足建筑的总体艺术要求外，对于夏热冬暖地区的居住建筑，外墙立面设计还宜采用如下措施：①采用浅色饰面(如浅色粉刷、涂层和面砖等，也适宜于夏热冬冷地区)；②东西外墙采用花格构件或爬藤植物遮阳，来减少夏季墙面对太阳辐射热的吸收。

2)集热蓄热墙的立面处理

(1)两种趋向。

在"一体化设计"潮流产生的早期，人们总是试图掩盖太阳能利用构件与其他建筑构件不相同这一事实。瑞士洛桑的可再生能源实验室(Laboratory of Renewable Energy，LRE)大楼是使太阳能构件与其他建筑构件尽可能相似的一个成功例子，在这幢建筑中窗下墙的位置，构成墙面的金属板被 PV 板替代，几乎没有人能注意到这一改变(图 2-61)。

然而，这种趋向最终改变了方向。建筑师发现，可以利用太阳能构件为建筑增加美学趣味，业主们认为，利用太阳能这一事实可以产生积极的广告效应。随后，在欧洲迅速出现了大量有趣、吸引人的太阳能建筑。许多太阳能构件仅仅因为在形状、大小、颜色或表面质感上本身就具有吸引力，可以增强建筑的立面效果。在芬兰赫尔辛基的 NESTE 公司新办公楼中(图 2-62)，PV 板不仅覆盖了部分立面，而且用作太阳能遮阳板，而 NESTE 公司是 PV 板的生产商，该建筑对此进行了有力的宣传。这些太阳能建筑成功的关键在于，建筑师利用了美学协调性，将太阳能利用构件转为引人注目的建筑构成元素展示出来，而且只有当建筑设计中包含了太阳能设计时，才有可能做到这一点。

图 2-61　瑞士洛桑 LRE 大楼

图 2-62　赫尔辛基 NESTE 公司新办公楼
资料来源: www.nrel.gov

(2)设计手法。

集合住宅住户和楼栋常作为重复性的景观元素出现，这是其与独户式住宅的不同之处。对于利用太阳能采暖的住宅，应注意立面设计力求简单，避免立面上的凹、凸，因为任何立面上的复杂化都会带来建筑的自身遮挡和外围护结构面积的加大。但是我们不能一味地要求节能，住宅不仅是人们生活的场所，也扮演着创造街区城市景观的角色，特别是集合住宅，其规模较大，对于城市面貌产生的影响不容忽视。

在太阳能采暖的集合住宅中，往往利用窗间墙作为集热蓄热墙。如果把住宅外墙涂上大面积深色，虽然对集热有利，但是影响美观，不但会使住户在心理上感到压抑，而且会对城市景观产生负面的视觉冲击，不利于太阳能建筑的推广。为避免景观上的乏味和不良影响，要充分利用其特点，往往从以下几个方面进行处理，使太阳能建筑在城市景观中呈现出丰富的形象。

① 韵律感，无论是何种体形的集合住宅，相对于独户住宅都有较大的体量，同时就有较大的外表面积，易于形成图案韵律。特别是太阳能住宅在质感上的变化和集热墙的重复性可以创造出很强的节奏感，与立面分格融合在一起，可形成有韵律感的连续性立面。如果要使南立面显得高大，可选用竖线条分割，利用窗台下的面积集热。如果要使建筑显得狭长些，可利用圈梁进行横线条分割，用窗间墙作为集热墙。

除了结合在墙面上，集热器还可结合在集合住宅的屋顶、阳台或遮阳篷等地方，以其特有的韵律感形成太阳能住宅标志性的外观。如图 2-63 所示，日本某集合住宅中，太阳能热水器与阳台错落结合，其中水箱位于阳台上，集热器依附于栏板之外，成为活泼立面的构图元素。

② 竖向垂直构图，在高层集合住宅中更易于塑造竖向的垂直构图，经常伴随着强烈的虚实对比，造成戏剧性的变化(图 2-64)。由于太阳能住宅节能需要的限制，外墙面可能比较平，这时如果利用窗户的不同构图或进行转角阳台的处理，也可形成十分强烈的垂直韵律，以打破其单调感(图 2-65)。

图 2-63　日本某集合住宅

③ 色彩，利用特殊的色彩设计，是达到可识别性立面设计的手段之一，也是建立居住区领域感的前提。如图 2-66 所示，某多层住宅立面采用鲜艳的红砖墙面与白色的墙面相结合，明快而醒目。

图 2-64　某太阳能高层住宅

图 2-65　转角阳台处理

对于北方地区以冬季采暖为主的立面，应选用比较粗糙的材质和较深的色彩，以提高吸热量。例如，黑色墙表面对太阳辐射的吸收率为 95%，深蓝色的吸收率也能达到 85%，性能也很好。因此，可根据实际情况权衡，尝试采用其他颜色与黑色或深色搭配使用，丰富住宅立面。这样做虽然牺牲了部分太阳热能的吸收，却能营造出活泼宜人的居住环境，具有强烈的时代气息。日本大学理工学部校园内的一栋教学楼，利用太阳能光电板形成竖向分割，建筑形象简练大方(图 2-67)，我国多层太阳能住宅可以借鉴此类方法。至于集热墙朝向室内的一面，则可以涂成任何颜色。

④ 富有个性的体形，如建筑北向阶梯形的退台以及东西向的退台，这些设计不但可利用太阳高度角及方位角缩短日照间距，同样也易于提高住宅的可识别性(图 2-68)。

图 2-66　墨尔本某多层住宅

图 2-67　日本大学理工学部某教学楼

图 2-68　北京某住宅区

对于体形简单的板式太阳能住宅，可以利用屋顶的变化形成特色，如采用坡度适当、富于变化的坡屋顶，除了能达到远距离识别的目的以外，还可设置太阳能集热器，为住户提供热水或采暖。

⑤ 细部，各种类型的活动盖板、遮阳、活动百叶、卷帘具有丰富的纹理、色彩，既可以加强建筑细部的表现力，又可以达到保温、遮阳等作用(图 2-69 和图 2-70)。

图 2-69　有韵律感的遮阳装置

图 2-70　活动遮阳装置

3)常见的节能墙体做法

由于建筑体系的多样性，在建筑中采用的保温隔热措施并非总能达到节能要求。在对环境和人体健康危害最小的前提下，最好采用有机的自然材料进行绝热设计。绝热材料通常是轻质的，体积比较大，因此如果可能的话，应尽量避免长距离运输。

在进行墙体的保温或隔热设计之前，应尽可能对房屋的类型和朝向有一个明确的认识，然后再选择保温或隔热的类型。

材料是墙体的物质成分组成，而构造是材料的空间组织方式，通过材料的不同组合和空间变化来形成可调节的界面，要比单一材料界面拥有更复杂的应变方式。

(1)特朗伯墙体。特朗伯墙体是一种通过玻璃和墙体的组合构造实现应变的界面，是一种兼具玻璃温室效应和烟囱效应的复合界面，其构造简单，造价低廉，采用太阳能被动式技术，既能在冬季借助温室效应取暖，又能在夏季促进通风降温，实现双极控制(图 2-71)。

(2)双层墙体。双层墙体指两层墙体之间留有一定的间距，夏季做通风间层用，有时还可以向间层内喷洒水，达到蒸发降温的目的；冬季做成封闭空气间层，加强墙体的保温性能。

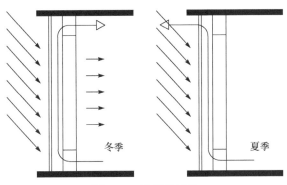

图 2-71　特朗伯墙体

(3)热通道玻璃幕墙。类似于特朗伯墙体的构造方式，形成带有空气间层的外界面，利用温室效应保温，利用烟囱效应来促进通风，降温除热。

(4)通风墙与通风遮阳墙。通风墙主要利用通风间层排除一部分热量，如空斗砖墙或空心圆孔板墙之类的墙体，在墙上部开排风口，在下部开进风口，利用风压与热压的综合作用，使间层内空气流通，排除热量。通风遮阳墙是既设置通风间层，又设置遮阳构件，既可以遮挡阳光直射，减少日辐射的吸收，又能通过间层的空气流动带走部分热量的墙体，见图 2-72。

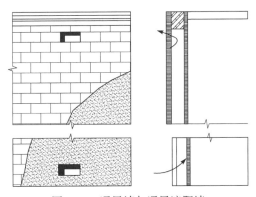

图 2-72　通风墙与通风遮阳墙

在通风遮阳墙墙面上还可种植攀爬植物，如牵牛花、爆竹花或五爪金龙等，利用绿化遮阳。

(5)充水墙体。利用水的流动性和蓄热系数高的特点，可以构造"水墙"式应变界面：将水充入墙体内的间层或导管内，通过调节间层或导管内水量的多少来控制墙体的隔热性能以及热容量，还可以借此形成水流的往复循环系统，在夏季带走墙体吸收的多余热量。例如，将此墙应用于夏热冬冷地区的建筑西墙，在冬季，墙体导管内不充水，空气间层加大，可以提高隔热性能，利于保温；在夏季，使墙体内充满循环水流，大部分太阳辐射热被水流吸收带走，既阻隔了日晒，又获得了热水，可谓一举两得，见图 2-73。

(6)墙体绿化。通过种植攀爬植物对墙体绿化，减少太阳辐射热。

2. 窗户(门)

窗户的基本作用包括采光、通风和观看等，应综合考虑各方面因素，才能确定窗户的理想位置和大小。

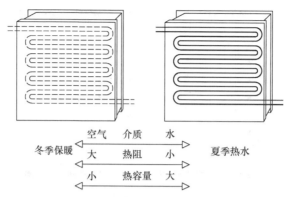

图 2-73 充水墙体构造调节示意图

1) 侧窗

(1) 侧窗的自然采光。

**各个朝向的窗户均有采光的可能性**，窗户的最佳朝向由用途决定。例如，如果冬季采用被动式太阳能采暖，南向窗户无疑是有利的；北向窗户几乎没有直射阳光，但自然采光条件优越。然而为了获得最佳效果，每个朝向应区别对待。

北向能获得高质量的均匀光线和最小的得热量，但在采暖期存在着热损失大和热舒适性差的问题，只在清晨和黄昏前需要遮阳。尽管南向光线变化大，但仍是获得强烈光线的最佳朝向，并且很容易遮阳。东西向遮阳困难，遮阳对于这两个朝向的舒适性至关重要，尤其是西向。

**窗户越高，采光区域越深**。一般来说，采光区域实际深度是窗户上沿高度的 1.5 倍。如果有反光板，可以延伸到上沿高度的 2.5 倍。对于标准的窗户和顶棚高度，在离窗户约 4.5m 范围内有充足的采光。

**条形窗采光更均匀**。提供充足均匀采光最简单的方法是采用连续的条形窗。单个窗洞也可以采光，但是窗间墙会造成光影的对比，如果工作区域和窗户位置对应或采用其他防眩光的措施，这种对比也不会引起严重的问题，但是，当主要的视觉焦点是附近的物体或活动时，居住者通常更喜欢宽阔的窗户。

**双面采光优于单面采光**。应尽量在两面墙壁上设置窗户，这样可大大改善光线分布，减少眩光。每面墙壁上的窗户都可以照亮相邻墙壁，因此减弱了窗户和周围墙壁的对比。

**为了使光线分布良好，窗户应靠近房间内表面**（如梁或墙），这些表面有助于光线的反射和重新分布。

**窗户越大，越需要控制**。对于大玻璃窗，为了控制眩光和得热，玻璃的选择和有效的遮阳更为重要。可以利用双层玻璃减少冬季热损失，提高热舒适性。居住者应远离大面积的单层玻璃，因为大窗户可能会引起不舒适的热感觉。

**采用高顶棚和高窗可获得更好的光线分布**。高窗可引导光线照向顶棚以及房间深处，倾斜的顶棚可以增加窗户的高度，并且使光线更均匀（图 2-74）。

**根据需要进入的光线调整侧窗玻璃的角度**。向下倾斜的侧窗有利于地面反射光线的进入（图 2-75）。"阳光间"式的侧窗有利于天空光的进入，可满足北向立面的采光和寒冷地区南向立面的采暖需要（图 2-76）。倾斜的窗台有利于减弱眩光，以及增加地面的反射光线（图 2-77）。

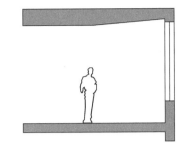

图 2-74　倾斜的顶棚

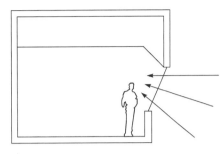

图 2-75　向下倾斜的侧窗

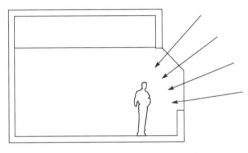

图 2-76　"阳光间"式的侧窗

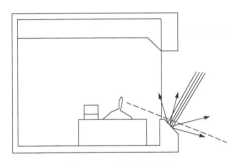

图 2-77　倾斜的窗台

　　大面积玻璃并不能保证良好的采光，可以采用一些装置来获得满意的光线质量和数量，这些装置的大体功能如下：漫射或反射阳光，使其重新分布；消除室内表面过多的亮光；消除眩光和阳光辐射，如反光板、百叶和深窗洞等建筑元素都可以改善光线分布，如果这些元素是浅色的，采光会更加均匀。另外，建筑的遮阳板以及室外的植物在夏季都能阻挡直射阳光、减少得热，在冬季，阳光也能进入建筑提供热量。

　　首先是反光板，反光板是设置在视线之上、高窗之下的水平板，将光线反射进房间深处，同时降低了窗户附近的照度，从而使整个房间的光线分布更均匀(图 2-78)，并且能起到遮阳的作用。反光板将视线窗口和采光窗口分开，上下窗口分别单独控制，这是一个获得良好采光和减少眩光的好办法。上部采光窗口用高透射比的透明玻璃引入更多光线，下部视线窗口用低透射比的染色玻璃减少眩光。南向的反光板对于改善光线分布、遮蔽窗边区域和减少眩光是最有效的。北立面上一般不必设置反光板，东西朝向的反光板可以与竖直挡板相结合(图 2-79)。

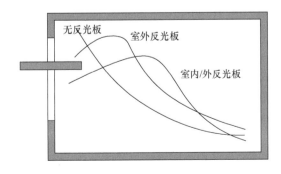

图 2-78　反光板对室内照度的影响

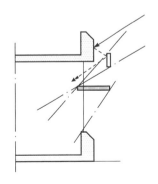

图 2-79　东西朝向反光板与竖直挡板相结合

　　反光板分为内置式和外置式。内置式反光板能让更多的阳光进入室内，主要起到分配光线的作用，适合寒冷气候区(图 2-80)。与内置式反光板相比，外置式反光板是更有效的遮阳设施，适合炎热气候区(图 2-81)。在温和气候区，为了在全年获得更均匀的采光效果，最好同时使用内置式反光板和外置式反光板(图 2-82)。

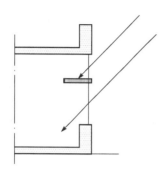

图 2-80　适用于寒冷气候区的反光板

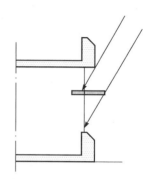

图 2-81　适用于炎热气候区的反光板

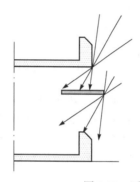
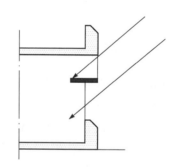

图 2-82　适用于温和气候区的反光板

　　在晴天条件下，用弯曲镜面反射光线可以将采光区域从 4.5～6m 增加到 9～11m，如果采用太阳追踪镜面，甚至可以达到 14m，但任何反射光束的设计都应对可能增加的太阳得热和眩光做出评估。

　　在不影响视线的前提下，反光板的位置应尽可能低，这样它的顶面才能把尽可能多的光线反射进室内，但应注意防止人在上面随手放置物品。减少夏季的太阳得热是必须考虑的重要因素，反光板应起到遮阳的作用，在制冷期内，伸出建筑的长度应能遮蔽视线窗口，在室内的长度应能遮挡明亮的天空。

　　室外反光板的长度和建筑朝向有关。南偏东、偏西 20°以内，反光板长度应是上部窗户高度的 1.25～1.5 倍；南偏东、偏西 20°以外，反光板长度应是上部窗户高度的 1.5～2.0 倍。

　　反光板向下倾斜，可以提供更有效的遮阳，但将光线拒之窗外(图 2-83)。而将反光板向上倾斜时，可增加向顶棚反射的光线，但遮阳效果欠佳(图 2-84)。

　　对于室外部分向上倾斜的反光板，南向白色反光板的倾角=40°–(0.5×纬度)；东、西、北向的反光板倾角=15°。

　　若采用的是漫射玻璃，或玻璃上有水平遮阳，则需要将倾角减小一些。倾斜反光板的同时，应增加后墙的反射比。从图 2-85 中可以看出，进深小的房间所需的最佳倾角比进深大的房间要小。需要注意的是，倾斜反光板，下部窗口的遮阳效果会被减弱，所以应将其加长或增厚。

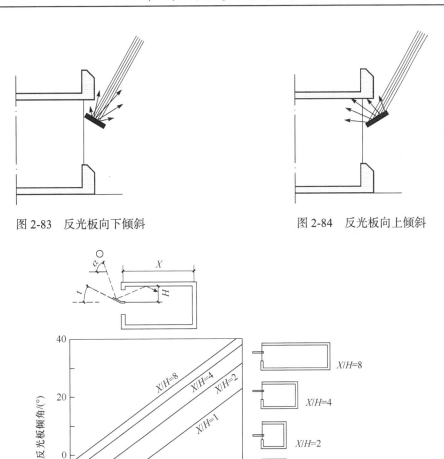

图 2-83　反光板向下倾斜　　　　　　　　　　　图 2-84　反光板向上倾斜

图 2-85　晴天条件下反光板的最佳倾角

无论是室内还是室外反光板，都要选择耐久的材料，重量设计为成人能搬动的水平。反光板的顶面应是不光滑的白色，当不考虑过量得热时，也可以是扩散镜面。顶面不应被使用者看见，因为会引起眩光。倾斜的反光板会减弱窗口下部的遮阳效果，而且具有造价低、维护少等优点，综合来看是不错的选择。在寒冷气候区，室外反光板最好和建筑结构脱离开，避免形成热桥。

如图 2-86 所示，Leo Daly 设计的 Lockhead 大厦，建筑南北两面安装玻璃，并且都采用了反光板，服务区布置在没有窗户的东西端。南面反光板突出立面，并且有一定的倾斜角度，可以将夏季高度角大的阳光透过透明玻璃向空间深处反射，冬季高度角小的阳光直接透过玻璃被室内反光板反射。上部的透明玻璃可以用外部的半透明卷帘遮阳，下部窗口由反光板遮阳，并且安装的是有反射膜的染色玻璃。北面不需要室外反光板遮挡阳光，下部窗口也不需要反射膜。

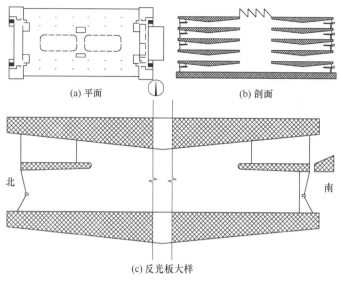

(a) 平面  (b) 剖面

(c) 反光板大样

图 2-86 Lockhead 大厦

如图 2-87 所示的 Michael Hopkins 事务所设计的 Inland Revenue 办公楼，在下面三层采用了反光板，顶层有中心脊状天窗提供明亮的室内照度，光线也更均匀，因此不需要反光板。经反光板反射的光线照在拱形的混凝土顶棚上，有助于光线均匀分布。玻璃反光板顶面是部分反射的，底面是烧结玻璃，可以透过 20% 的光线，防止因底面过暗引起的眩光。反光板上部玻璃层之间的遮阳百叶在剖面中以 45° 倾角固定，而下部视线窗口的百叶是可调节的。上部的百叶遮挡了天空，所以就不需要室内反光板来减少眩光。

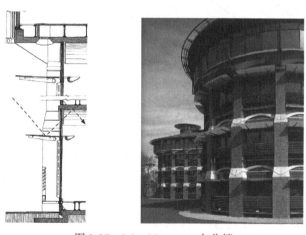

图 2-87 Inland Revenue 办公楼

百叶可以改善采光的效果。即使同时采用室内和室外反光板，直射阳光有时也会照进室内，造成眩光。典型的情况是反光板离垂直的墙壁较近，并且宽度不足以消除眩光，这时竖直的百叶就成为极好的选择。反光板上部的窗户采用竖直百叶，光线可以被引导照向墙壁，这样就消除了眩光，促使光线向空间深处折射。如果窗户在房间的中间，离两边的垂直墙壁较远，水平百叶可以把光线向顶棚反射，并由顶棚再次将光线折向房间的深处。

将窗洞作直角、斜角或圆角处理，可以减弱窗户和墙壁的对比，形成光线的过渡，有利于减弱眩光(图 2-88)。墙壁较厚时，将玻璃安装在靠墙的内表面一侧，就可以利用出挑和墙厚遮蔽窗户表面，还便于和反光板结合(图 2-89)。

(2)侧窗的自然通风。

穿堂风的效果非常依赖于人工操纵，自动控制的风口一般适用于大型公共建筑。窗户的形式对室内气流的路径和降温效果有很大的影响(图 2-90)。

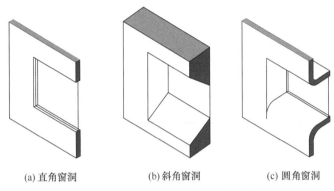

(a) 直角窗洞　　　　　　　　(b) 斜角窗洞　　　　　　　　(c) 圆角窗洞

图 2-88　窗洞的直角、斜角和圆角处理

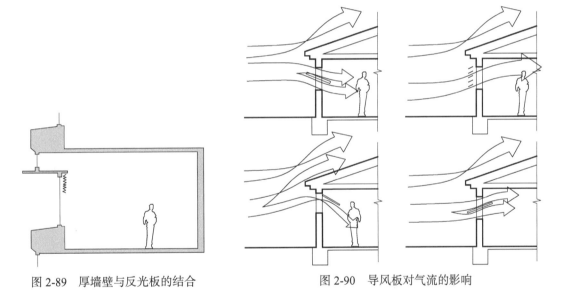

图 2-89　厚墙壁与反光板的结合　　　　　　图 2-90　导风板对气流的影响

当窗口不能朝向主导风向，或房间只有一面墙开窗时，可利用翼墙(wing wall)改变建筑周围的正压区、负压区，引导气流穿过平行于风向的窗口。只在上风向有开口的房间可以利用翼墙促进通风，但只有产生正压区和负压区时才有效；对于只在下风向有开口的房间，翼墙不起作用。

对于只在一面墙上有开口的情况，室内气流和空气交换速率可以提高约 100%。翼墙不能显著促进相对墙壁的穿堂风，除非风的入射角是斜的。对于小型建筑，从地面到屋檐的翼墙对于入射角为 20°～140°的风很有效。建筑自身的凹凸变化也能起到翼墙的作用，如突出的小房间、入口门厅等。

不同形式翼墙的通风效果如图 2-91 所示，风玫瑰图表示了主导方向。翼墙的运用提高了房间的气流速度，翼墙突出的宽度至少应是窗口宽度的 50%，间距至少应是窗户宽度的 2 倍(图 2-92)。除了捕风，翼墙还可以结合东西立面上的遮阳板进行设计。

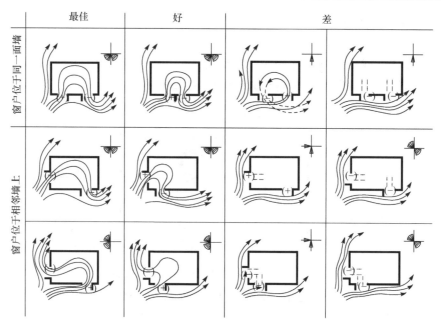

图 2-91　不同形式翼墙的通风效果

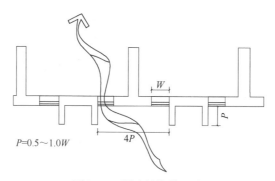

$P=0.5\sim1.0W$

图 2-92　翼墙的推荐尺寸

2)天窗

建筑中心的采光是通过天窗实现的,一般包括平天窗、高侧窗、矩形天窗和锯齿形天窗(图 2-93)。天窗最适合大空间单层建筑采光(如工厂、仓库等),不适合照亮特定的物体,也不适合多层建筑,除非是顶层房间或通过中庭采光的房间。屋顶采光来自没有遮挡的天空,是最有效的自然采光方式,也能用于通风。中小学建筑特别适合利用自然顶光,因为此类建筑一般都在白天使用,而且很多是单层建筑,可以用天光来照亮内部空间,从而设计成进深相对较大的建筑。

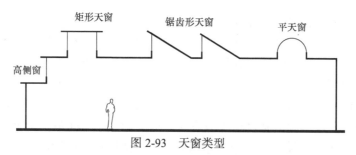

图 2-93　天窗类型

与侧窗相比，天窗的优越性主要体现在：屋顶开口照亮的面积大，一般侧窗只局限在靠近窗口的 3～5m 处；光线均匀、亮度高（尤其在采用矩形天窗时）；高侧窗和矩形天窗漫射来自顶棚或反光板的光线的机会更大。

与侧窗相比，天窗的缺陷主要体现在：没有合适的遮阳措施，产生直接眩光或光幕反射的可能性增大；工作空间内的高对比度会引起视觉疲劳；光源高于视线平面，所以没有向外的视野。

（1）平天窗。

本节所述的平天窗（skylight），指在平屋面或斜屋面上直接开洞安装的天窗形式，包括水平的、稍微弯曲的、倾斜的或金字塔式的天窗。

平天窗的水平投影面积比其他同样大小的天窗要大，因此采光效率更高。一般情况下，平天窗只适合以全云天为主的气候区，如重庆，在夏季阳光强烈的地区应避免使用。平天窗最佳的窗地比为 5%～10%，根据玻璃的透光率、天窗的设计、所需的照度、顶棚高度、是否有空调等因素，窗地比可以调整为更高。我国《公共建筑节能设计标准》（GB 50189—2015）中规定，屋顶透明部分的面积不应大于屋顶总面积的 20%。

通常，平天窗的间距大约等于建筑顶棚到地板的距离，另外，还与侧窗的设置有关（图 2-94），如果墙上有侧窗，天窗的位置可以更靠中心。

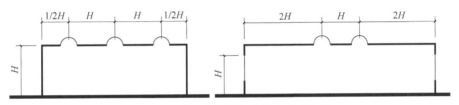

图 2-94　平天窗间距与建筑高度的关系

为了避免平天窗可能引起的眩光问题，可采取以下措施（图 2-95）：选择低可见光透射比的玻璃；利用墙壁、水池、雕塑、地板、反光百叶等漫射表面扩散光线；将采光口设计成喇叭口状；对平天窗进行季节性遮阳。

在冬季，平天窗接受的太阳辐射很少，而在夏季温度高峰时接受大量的太阳辐射，由此带来了严重的能耗问题。季节性调解的室外反光板/遮阳板可以解决这一问题，它在夏季可以遮挡直射阳光，并将屋面反射的漫射光线折射进室内，而在冬季可以增加进入室内的太阳光线，利于采暖，图 2-96 所示为南向平天窗上方反光板的推荐角度。

利用室内反光板将入射光线折射到顶棚表面，使顶棚成为面积较大的间接光源，或在天窗下设置格栅，这些措施都降低了光源与背景之间的对比，可以改善平天窗的采光效果，避免眩光。伦佐·皮亚诺事务所设计的 Menil 美术馆采用了室内反光板，不仅柔和了上方平天窗投射下的光线，并且形成了轻巧起伏的顶棚表面，成为建筑室内外最具特色的构成元素（图 2-97）。由路易斯·康设计的金贝尔艺术博物馆的带形天窗下采用了室内反光板（图 2-98），这是个很好的采光策略，但遗憾的是，由于反光板离采光口太近，并且室内没有进行白色粉刷，而是保留了清水混凝土的表面，采光效果并不尽如人意。

理查德·迈耶事务所设计的盖蒂中心采用大面积天窗获得自然光线。为了避免眩光，天窗采用了可见光透射率低至 35% 的无色玻璃，其上还设计了一个太阳控制系统，通过外部百叶调节光线（图 2-99）。百叶由一个定时器控制，根据季节和时间调整位置。室外的光传感器将天空和统计数据进行比较，然后将百叶转动到预设的位置，并保持 1～2h，空间内的光线会有些许变化，但百叶的角度绝不会让直射阳光进入展室。设计阶段利用模型进行模拟，最终到达了满意的效果，在一年中大多数时间里，都可以利用自然光线作为主要的光源。

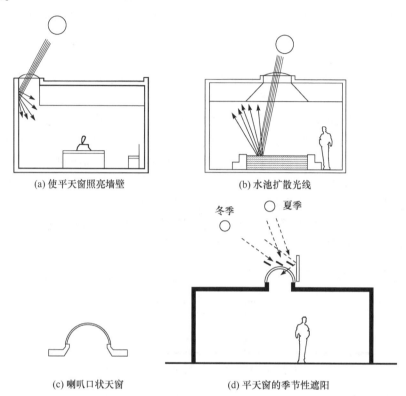

(a) 使平天窗照亮墙壁

(b) 水池扩散光线

(c) 喇叭口状天窗

(d) 平天窗的季节性遮阳

图 2-95　避免平天窗引起眩光的措施

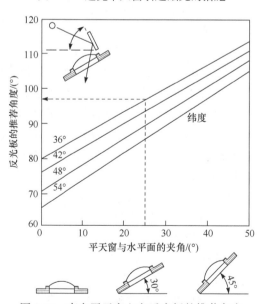

图 2-96　南向平天窗上方反光板的推荐角度

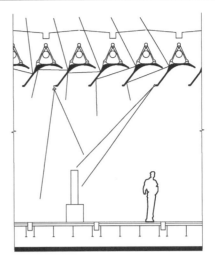

图 2-97　Menil 美术馆

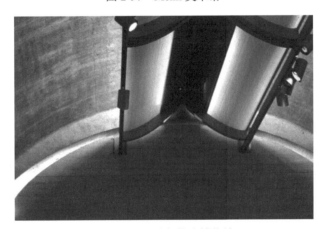

图 2-98　金贝尔艺术博物馆

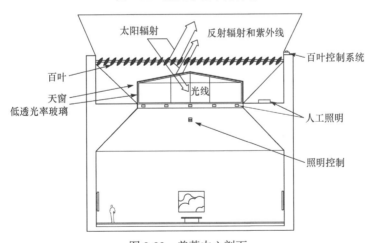

图 2-99　盖蒂中心剖面

采光井是建筑中穿透一层或多层的垂直开口，目的是为相邻区域提供自然采光。平天窗和采光井结合，有利于消除眩光，其优点还在于可将光线从屋顶引入建筑低层不易采光的区域。然而，采光井壁的多次反射会吸收光线，降低进入室内空间的光线亮度。光线折减系数与采光井壁的反射比及采光井的形状有关,狭高的采光井效率较低。

图 2-100 所示为不同的光井指数 WI 与采光井效率的关系,WI 表示采光井的深度和形态,由以下公式计算:

$$\text{WI} = \frac{H(W+L)}{2W \times L} \tag{2-1}$$

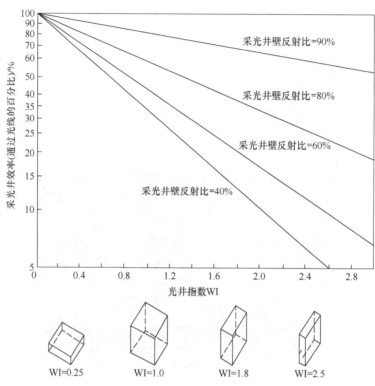

图 2-100　光井指数与采光井效率的关系

由横轴上读出的光井指数向上移动,和用斜线表示的采光井壁反射比相交,再读取交点对应的纵坐标采光井效率,三者(光井指数、采光井壁反射比和采光井效率)相乘得到井壁光线折减系数。根据天窗大小确定的采光系数和所得到的井壁光线折减系数相乘,得出的才是实际的采光系数。如果采光系数是 4%,而井壁光线折减系数是 0.60,那么修正后的采光系数就应该是 2.4%。因此,要提供相同的照度,采光井的效率越低,需要的天窗面积越大。

采光井做成倾斜的可以增加采光量,并且可减少眩光,使光线更均匀。屋顶结构厚度(即屋面板到顶棚的距离)越大,这个作用越明显。

如图 2-101 所示,由 Moshe Safdie 设计的加拿大国家美术馆中,采光井从拱顶一直延伸下来,将天光引入建筑底层。由于该采光井非常狭高,光井指数高达约 3.0,因此井壁采用了高反射比的镜面材料——镀银的聚酯薄膜,使该美术馆在全阴天不启用人工照明的情况下仍能获得满意的采光效果。

为了改善冬季和夏季的光线平衡,还可将天窗设计成斜天窗,朝向北面或南面(图 2-102)。这时,光线的分布更接近侧窗采光,理论上其采光效率会随着屋顶坡度的增加而降低。但是有些地区平天窗积尘严重,所以在实际应用中,斜天窗反而更利于采光。

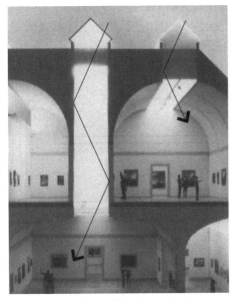

图 2-101　加拿大国家美术馆

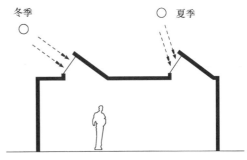

图 2-102　斜天窗

　　当南向斜天窗坡度比当地纬度大 23°，北向斜天窗坡度等于纬度加 23°时，天窗接受的光线最多，而通过天窗进入建筑的直射阳光最少，不需要考虑控制太阳辐射。应避免朝向东西的斜天窗，否则必须考虑遮阳。

　　(2)高侧窗。

　　高侧窗(clerestory)是视线以上的竖直玻璃窗，可以增加房间深处的照度。因为平天窗在夏季存在过热问题，而且在冬季收集的光线和热量不足，所以常常用竖直或近似竖直的高侧窗替代平天窗。高侧窗最适合室内布局开敞的建筑，不会阻挡光线进入空间深处，推荐在教室、办公室、图书馆、多功能房间、体育馆和行政管理建筑中采用。

　　高侧窗最好朝南或朝北(图 2-103)。南向高侧窗在冬季可以收集更多阳光，并且水平遮阳板可以有效地为朝南的高侧窗遮蔽夏季直射阳光。北向高侧窗以最大的太阳高度角(纬度+23°)倾斜，这样可以在避免眩光的同时增加引入的光线，并且引入的是低角度、稳定的光线，无须遮阳。东西向的高侧窗应该避免，因为阳光角度低，很难遮蔽，并会带来眩光和过多的太阳热能。当采用漫射玻璃或低角度阳光的进入不影响空间使用功能时，高侧窗也可以朝向东、西。

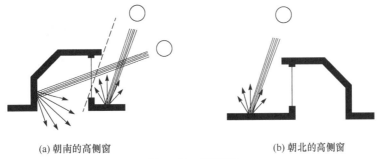

(a) 朝南的高侧窗　　　　　　　　　　　　　(b) 朝北的高侧窗

图 2-103　高侧窗

　　控制眩光可以设置挡板(图 2-104)，或将室内对着高侧窗的北向墙壁做成倾斜的，使光线向下反射(图 2-105)；或在采光口下设置漫射光线的反光板，例如，美国北卡罗来纳州史密斯中学的屋顶高侧窗下采用了半透明百叶，使教室内充满明亮均匀的光线（图 2-106）；另外，漫射玻璃也可以扩散光线，或利用屋面反射光线，如美国国家可再生能源实验室（The National Renewable Energy Laboratory，NREL）太阳能研究机构（图 2-107）。

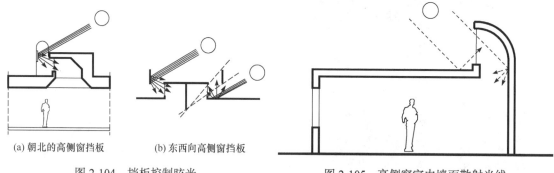

<table>
<tr><td>(a) 朝北的高侧窗挡板</td><td>(b) 东西向高侧窗挡板</td></tr>
</table>

图 2-104　挡板控制眩光　　　　　　　　图 2-105　高侧窗室内墙面散射光线

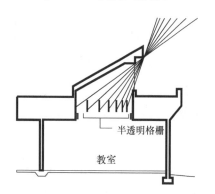

半透明格栅

教室

图 2-106　美国北卡罗来纳州史密斯中学

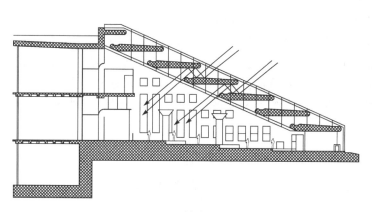

(a) 剖面　　　　　　　　　　　　　　　　(b) 室内

图 2-107　美国 NREL 太阳能研究机构

可以根据建筑高度设置高侧窗的间距，高侧窗和矩形天窗的推荐间距如图 2-108 所示。

（3）矩形天窗。

矩形天窗（roof monitor）是工业建筑中常见的设计手法，可以认为是高侧窗的一种特殊形式，局部屋面升高，其优点在于光线可以同时从两个或两个以上的方向进入建筑，并可以利

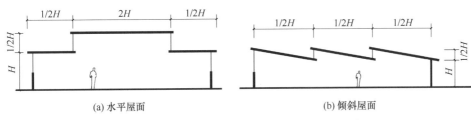

图 2-108  高侧窗和矩形天窗间距与建筑高度的关系

用屋面作为反光板,将光线反射到上部的天窗。屋面延伸进天窗玻璃的内部,有时会加强这种作用,减少直射阳光的进入。此外,矩形天窗发生渗漏的可能性比平天窗要小。

没有遮阳的南向、东向和西向玻璃会获得很高的得热量,如果各方向都装有玻璃,经常会获得比高侧窗更多的热损失和得热量,而且遮阳也比较困难。东西向窗和北向窗可以利用反光板增加引入的光线(图 2-109)。

朝南的开口利用室内墙面反射光线,或利用遮阳板和扩散反光板,这样可以使光线均匀扩散。当采用设计得当的漫射反光板时,朝南的高侧窗可以引入明亮的光线而不会带来眩光。扩散反光板的间距应能避免直射阳光和视野内的眩光,顶棚和漫射反光板应采用高反射系数的不光滑材料。

(4)锯齿形天窗。

锯齿形天窗属于单面顶部采光,具有高侧窗的效果,加上有倾斜顶棚作为反射面增加反射光,故比高侧窗光线更均匀。北向锯齿形天窗可避免直射阳光,获得均匀的天空扩散光;南向锯齿形天窗适合于寒冷气候区利用太阳能采暖的建筑,可以降低采暖负荷,但需要采取措施控制阳光,以避免眩光、对比度过高和光幕反射。遮阳板、漫射玻璃、室内或室外反光板、百叶都是控制阳光照射的有效方法。

设计时最好统一考虑到太阳能采暖、制冷、采光(图 2-110),在建筑屋顶上,把太阳能集热器或太阳能光电板设置在朝南的一面,朝北面则安装玻璃,以便采光。

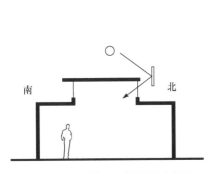

图 2-109  矩形天窗北向的反光板

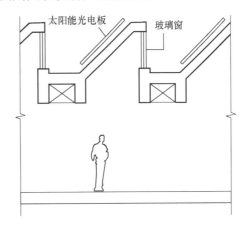

图 2-110  锯齿形天窗与太阳能光电板的结合

(5)不同天窗的节能效果对比。

天窗作为一种被动式太阳能系统,可以用来采暖、采光和通风。为了比较不同天窗的综合节能效果,阿根廷的 Garcia-Hansen 等模拟分析了三种天窗在屋面上的排布方式对工作面上照度均匀性以及热工方面的影响。

模拟的房间位于阿根廷中部和中南部寒冷气候区到温和气候区，尺寸为 7m×6m×3m，仅通过屋顶与室外相连。选择的三种天窗是平天窗、矩形天窗、屋顶高侧窗（玻地比为9%，即玻璃净面积为 3.8m²），天窗在屋面的布局方式分为分散式、直线式、中心式（图 2-111）。由此共组合出九种方案：①分散式高侧窗；②直线式高侧窗；③中心式高侧窗；④分散式矩形天窗；⑤直线式矩形天窗；⑥中心式矩形天窗；⑦分散式平天窗；⑧直线式平天窗；⑨中心式平天窗。

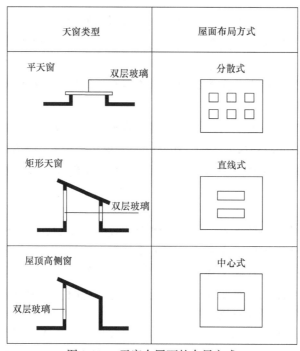

图 2-111　天窗在屋面的布局方式

分析表明，三种天窗的全年热工性能没有显著差异，但逐月分析结果表明，高侧窗和矩形天窗在冬季的性能与平天窗有很大差异。这与玻璃倾角有关，玻璃倾角越接近水平，节能效率越低。从采光方面看，晴天条件下三种天窗的中心式布局照度较高，然而，当考虑工作面上的光线均匀性时，分散式的布局效果较好。屋顶高侧窗适合晴天条件，不适合常年全阴天的地方；矩形天窗适合变化的天空条件；平天窗比较适用于全阴天条件，在晴天时光线均匀性很差，在高纬度多晴天地区的冬季，其性能更差，考虑到过热问题，也不适合夏季炎热地区。平天窗可以在季节性间断使用的建筑中采用，如学校，因为在平天窗性能最差的时段，即冬季和夏季的极端天气条件下，学校放假停用；平天窗也可设置在不需要空调的建筑中，如仓库等。综合考虑采暖和采光，矩形天窗的效果最好，并且设有两个可开启的窗口，利于夏季通风散热。

天窗在屋面上的布局对热工方面的影响甚小，而玻璃的倾角和天窗的朝向更为重要。然而，对于冬季积雪严重的地区，必须考虑天窗布局的影响：积雪容易使较大面积天窗的屋顶结构和保温层产生破坏，所以选择小天窗更为有利，如分散式的平面布局。但是这种布局造价更高，对构造的要求更高——天窗和屋顶的连接部位通常是屋顶构造的薄弱环节，天窗越多，保温层漏水的可能性越大。

3）估算窗户的大小

窗户是围护结构中产生热量损失的另一个主要部分。一般而言，窗户的传热系数要远大于墙体的传热系数，所以尽管窗户在外围护表面中占的比例低于墙面，但通过窗户的传热损失却有可能接近甚至超过墙体。

在寒冷地区，多层住宅在采暖期内通过窗户及阳台门的传热损失约占整栋房屋总热耗的24%，经门窗缝隙空气渗透引起的热耗占24.5%，两项合计48.5%。因此，在保证采光和通风的前提下，提高窗户的保温和隔热性能已成为住宅节能的重要部分。

根据《公共建筑节能设计标准》（GB 50189—2015）中的规定，建筑中每个朝向的窗（包括透明幕墙）墙面积比均不应大于0.70。当窗（包括透明幕墙）墙面积比小于0.40时，玻璃（或其他透明材料）的可见光透射率不应小于0.4。对于玻璃幕墙建筑，窗面积是指幕墙的透明部分，不是幕墙的总面积，应在幕墙的总面积中扣除各层楼板以及楼板下面梁的面积，所以窗墙面积比一般不会超过0.70。近年来，公共建筑的窗墙面积比有越来越大的趋势，当窗墙比超过规定值后，就需要通过提高窗户的热工性能来弥补因窗面积增大带来的能耗超标。

（1）采光要求。

我国地域广阔，天然光状况相差甚远，若采用相同的临界照度，天然光丰富区与天然光不足区的全年室外平均总照度相差约50%。为了充分利用天然光资源，取得更多的利用时数，《建筑采光设计标准》（GB 50033—2013）中将我国划分为5个光气候区，在不同的光气候区应取不同的室外临界照度，即在保证一定室内照度的情况下，规定各地区白天的采光系数。

不同光气候区对应不同的光气候系数 $K$，光气候系数是根据光气候特点，按年平均总照度值确定的分区系数，与地理纬度、海拔高度、年平均绝对湿度、年平均日照时数以及年平均总云量等因素有关。进行采光计算时，所在地区的采光系数标准值应乘以表2-7中相应地区的光气候系数 $K$。

表 2-7　光气候系数 $K$ 取值

| 光气候区 | I | II | III | IV | V |
|---|---|---|---|---|---|
| $K$ 值 | 0.85 | 0.90 | 1.00 | 1.10 | 1.20 |
| 室外天然光临界照度值 $E_1$/lx | 6000 | 5500 | 5000 | 4500 | 4000 |

建筑内所进行的活动的视觉作业不同，因此也就决定了所要求的照度不同。《建筑采光设计标准》（GB 50033—2013）中根据视觉作业的精确度，将建筑采光分为5个等级，如表2-8所示。进行采光计算时，应注意查得的采光系数标准值应乘以表2-7中相应地区的光气候系数。

表 2-8　视觉作业场所工作面上的采光系数标准值

| 采光等级 | 视觉作业分类 | | 侧面采光 | | 顶部采光 | |
|---|---|---|---|---|---|---|
| | 精确度 | 识别对象的最小尺寸 $d$/mm | 采光系数标准值 $C_{min}$/% | 室内天然光临界照度值/lx | 采光系数标准值 $C_{min}$/% | 室内天然光临界照度值/lx |
| I | 特别精细 | $d \leqslant 0.15$ | 5 | 250 | 7 | 350 |
| II | 很精细 | $0.15 < d \leqslant 0.3$ | 3 | 150 | 4.5 | 225 |
| III | 精细 | $0.3 < d \leqslant 1.0$ | 2 | 100 | 3 | 150 |
| IV | 一般 | $1.0 < d \leqslant 5.0$ | 1 | 50 | 1.5 | 75 |
| V | 粗糙 | $d > 5.0$ | 0.5 | 25 | 0.7 | 35 |

注：表中所列采光系数标准值适用于我国III类光气候区，采光系数标准值是根据室外临界照度为5000lx制定的；对于亮度对比较小的II、III级视觉作业，其采光等级可提高一级。

在进行建筑方案设计时，对于Ⅲ类光气候区，普通玻璃单层铝窗的采光洞口面积可按表 2-9 所列的窗地面积比粗略估算。非Ⅲ类光气候区的窗地面积比应乘以表 2-7 中相应的光气候系数 $K$。更精确的采光计算方法参见《建筑采光设计标准》（GB 50033—2013）。

表 2-9  窗地面积比

| 采光等级 | 侧面采光 | | 顶部采光 | | | | | |
| --- | --- | --- | --- | --- | --- | --- | --- | --- |
| | 侧窗 | | 矩形天窗 | | 锯齿形天窗 | | 平天窗 | |
| | 民用建筑 | 工业建筑 | 民用建筑 | 工业建筑 | 民用建筑 | 工业建筑 | 民用建筑 | 工业建筑 |
| Ⅰ | 1/2.5 | 1/2.5 | 1/3 | 1/3 | 1/4 | 1/4 | 1/6 | 1/6 |
| Ⅱ | 1/3.5 | 1/3 | 1/4 | 1/3.5 | 1/6 | 1/5 | 1/8.5 | 1/8 |
| Ⅲ | 1/5 | 1/4 | 1/6 | 1/4.5 | 1/8 | 1/7 | 1/11 | 1/10 |
| Ⅳ | 1/7 | 1/6 | 1/10 | 1/8 | 1/12 | 1/10 | 1/18 | 1/13 |
| Ⅴ | 1/12 | 1/10 | 1/14 | 1/11 | 1/19 | 1/15 | 1/27 | 1/23 |

（2）通风要求。

建筑中排出热量所需的进风口（出风口）面积与地板面积的百分比，可以从图 2-112 中查出，假设室内外温差为 1.7℃，从竖轴上读出设计风速，水平移动，与表示建筑得热率的曲线相交，然后向下竖直移动，在横轴上读出进风口（出风口）面积占地板面积的百分比。

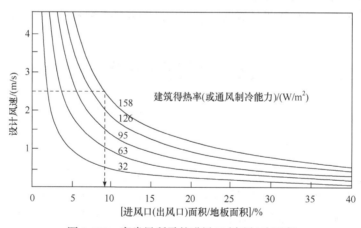

图 2-112  穿堂风所需的进风口（出风口）面积

进风口面积即侧窗的可开启部分，《公共建筑节能设计标准》（GB 50189—2015）中规定：外窗的可开启部分不应小于窗面积的 30%；透明幕墙应设计为可部分开启或设有通风换气装置。

夜间通风降温（即结构降温）所需的进风口面积，应等于出风口面积，等于通风烟囱的横截面积。从图 2-113 竖轴上读出穿堂风的风速或通风烟囱的高度，水平移动，与相应的曲线相交，然后向下竖直移动，可读出进风口面积与蓄热面积的百分比。

确定能在居室内形成适宜的光环境和热环境的住宅外围护结构的开窗面积，同时使能耗、建设费和运行费最低，这是一个复杂的多维优化设计问题。

4）改善窗户的保温及密闭性

为了减小窗户的耗热量，工业发达国家在材料、部件、构造、加工工艺等各方面进行了多学科的综合研究，并将高科技成果用于窗户系统的设计，制定了把窗户的热损耗转变为热

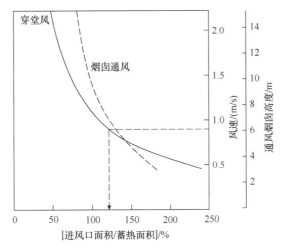

图 2-113　夜间通风降温所需的进风口面积

增益的远期研究目标。

(1)提高窗户密闭性对减少空气渗透有重要意义，应达到节能设计标准中 1.5～2.5m³/(m·h) 的要求。近年来，有各类商品门窗密封条投入市场，对减少新旧住宅的冷风渗透发挥了作用，有的可减少房间渗透能耗 50%，使室温提高 3～5℃。但是，过高的密闭性会影响新鲜空气的流通，对卫生和健康有害，需要同时配合有组织的热压通风换气系统，或设置可控的机械通风设备，以保持居室空气的清新。

(2)双层玻璃。有 20mm 厚度密封空气间层的双层玻璃可比普通单层玻璃的传热系数减小 55%，其主要机制是降低了内外层玻璃之间的热传导和对流换热。如果在密封空气层内填充氩气、二氧化碳、氪气或氙气等，导热系数会进一步降低。真空夹层的双层玻璃导热系数最低，现在我国已有这类玻璃产品，但价格昂贵，未能普及。对于单扇双玻的窗户，玻璃在空气间层一面的结露、擦洗等问题有待妥善地解决。

玻璃的导热系数很大，薄薄的一层玻璃，两表面的温差只有 0.4℃，热量很容易流出或流入。而具有空气间层的双层玻璃窗，内外表面温度差接近于 10℃，可使玻璃窗的内表面温度升高，降低人体遭受冷辐射的程度。采用双层玻璃窗，不仅可以减少供暖房间的热损失，达到节约能源的目的，还可以提高人体的舒适感。目前，塑钢窗采用的玻璃分为中空玻璃和夹条玻璃两种，夹条玻璃塑钢窗的不干胶隔条经长时间使用会失效，导致夹层内进入空气、灰尘和水分，严重降低玻璃的透明度。但中空玻璃的制作工艺要求高，价格昂贵，目前用于居住的建筑适宜选用夹条形式的双层玻璃。当然，由于中空玻璃、低辐射玻璃(Low-E 玻璃)的保温性能很好，国外已较普遍使用，国内一些大型建筑中也已使用。

随着经济的发展和技术的进步，这些玻璃可逐渐用于居住建筑中。吸热玻璃可以将一部分太阳能吸收，转化为热能，然后通过长波辐射和传热分别传到室内和室外。当双层玻璃的外层采用透明玻璃而内层采用吸热玻璃时，大量的太阳能透过透明玻璃而被吸热玻璃吸收。由于空气间层可阻止热量向外散失，室内获得大量的太阳能，达到节能的效果。当然，若把吸热玻璃设在外层，就会起到相反的效果。因此，在严寒地区的居住建筑中，可以选择外层采用透明玻璃而内层采用吸热玻璃的双层玻璃，具有良好的节能效果。热反射玻璃是镀膜玻璃的一种，由于其反射太阳能，不适合在严寒或寒冷地区的居住建筑中采用。

(3)挂窗帘。窗帘不仅可以起到装饰、隐蔽的作用，而且可以起到保温、阻止热量流失的作用。寒冷的冬季，当夜幕降临时，拉上窗帘，人们就会感到温暖，一方面是因为窗帘本身具有一定的热阻，窗帘和窗户之间形成的空气间层也具有一定的热阻，阻止热流向室外散失；另一方面，窗帘可以阻止窗玻璃对人体产生冷辐射，而且还可以阻止室外的冷风渗透。因此，悬挂窗帘可以起到节能、改善室内热舒适度的作用。窗帘可以悬挂在室内，也可设置在室外。室内的窗帘可以选用不同质地的布帘、百叶窗等，窗帘的材质不同，其热阻值也不同。室外的窗帘可以采用百叶窗或卷帘的形式，在冬季，白天可以打开百叶窗或卷起卷帘，夜晚则关闭。

(4)"热镜"涂膜。在窗子内层玻璃上敷一层能透过可见光和太阳短波辐射，但对室内表面在室温下发射的长波辐射有反射作用的"半导体"透明薄膜能有效地减少辐射散热，这种材料也称为"热镜"。当然，也可以研制另一种适用于空调房间，在夏季防止日辐射进入室内的"热镜"材料，我国对功能高分子材料红外线反射薄膜的研究已取得一定成果。

(5)加强窗框保温。开发高强度改性塑料，或利用金属和塑料的复合材料制作窗框可以减少窗框的传热损失，避免在窗框内侧结霜，同时也应减轻窗框重量，确保窗框断面形状尺寸加工精确，外形更加美观。在这方面，中国建筑科学研究院建筑物理研究所建筑门窗研究室已经进行了有效尝试，近几年开发的 25A 经济型钢塑保温窗采取了综合的保温、密闭措施，已达到比普通单层钢窗降低 61%热耗量的显著节能效益，每平方米窗户仅增加成本 35 元左右，目前已在一些等级较高的建筑中推广应用。

3. 阳光间(阳台)

阳光间形态多种多样，小到住宅中的封闭阳台，大到办公楼的中庭空间，其基本原理都是类似的。

严寒气候区的阳光间起着双重作用：一方面，能获得直射阳光的时候，它起到集热的作用；另一方面，它在提供自然采光的同时，在室内外之间设置了一个温度缓冲区，减少了建筑的热损失。在这些地区，可以利用覆盖面积很大的阳光间把一些不同的建筑物连接起来，在冬季为人们提供一定的保护，如商业街、城市公共空间或大学校园等。如果阳光间只作季节性使用，在温度适宜时才派上用场，或者阳光间的温度不需要达到和建筑室内相同的水平，那么隔开阳光间和使用空间的结构必须当作围护结构处理，应采取相应的保温措施。当作为永久性使用空间，直接和室内相连，或仅隔着单层玻璃时，阳光间应将多余热量传给蓄热体，并且在夜间对外部的玻璃进行保温。

温和或温暖气候区的阳光间在冬季可为一些空间提供保护，而在其他季节可以成为全能的开敞空间。要做到这一点，必须根据季节需求，能够移去全部或部分玻璃隔墙。

结合住户的生活习惯，按照冬能保温、夏能防晒散热的原则，南向起居室设计成伸出的连通落地式房屋，紧靠阳台玻璃设置反射窗帘，阳台玻璃为塑钢单框双玻，玻璃分格时，上段为上悬窗，且这部分玻璃内贴有反射隔热膜，这样既能减小外墙的凹凸度，在夏季封闭制冷时可有效隔热、开窗透气散热、降低能耗，又可满足住户的生活需要。北向次卧室设外封内隔式阳台，采用门带窗保温隔热墙，可保证最大程度的开启，以便组织流通空气。根据住户需要，阳台可封可不封，封阳台在阳台上建立一个缓冲区，将更有利于节能。还可以设置东西向外封内隔式阳台，做法同北向阳台，但需封闭，做法同南向阳台。为了防止室外空调机散热通过玻璃传入室内，应增加开口热负荷，室外空调机可全部固定安装在洞口上檐。

将阳台做成阳光间是建筑节能设计中常见的设计手法。从 1939 年建造"1 号太阳房"至今，太阳能的利用逐渐被人们重视，成为生态建筑的一大特征。不少发达国家在住宅的利用与开发方面进行了有益的探索，并使建筑设计与太阳能技术得到了巧妙而有机的结合。在以色列，能源匮乏但阳光充足，利用太阳能的建筑十分常见。例如，图 2-114 所示，在一幢住宅叠错的屋顶阳台上放置了太阳能集热器，太阳能设备与建筑巧妙地结合，使建筑物有了生动的造型。

图 2-114　以色列某住宅

如图 2-115 所示，于 1997 年在荷兰多德雷赫特市建成的 22 栋节能住宅的设计中，立面上布置了可移动的充电 PV 遮阳板，与建筑入口结合得相当好，建筑师将平板式集热器与建筑阳台结合得错落有致。在将阳台设置成阳光间时，应注意以下几个问题。

(1)强化阳光间的概念。进一步强化阳光间的概念，放低窗台的高度，形成大面积的玻璃窗，这样可以更多地利用太阳能和自然通风。若要采用落地大玻璃，则一定要选用保温、密闭性能好的玻璃材料。开低窗，使空气流经居住者的高度，产生良好的通风制冷效果。阳光间和室内宜用玻璃门隔开，既起到分隔作用，又产生通透、开敞的效果。如果是跃层住宅，还可以将此空间扩大到两层的高度，使其产生更积极的环境控制作用。

图 2-115　荷兰多德雷赫特市节能住宅

(2)强化阳光间的保温性能。由于玻璃本身的保温性能相对较差，除了采用保温性能较好的双层或多层玻璃外，还可以设置保温窗帘。在夏季，白天用来遮挡直射阳光，减少热辐射。在夜晚，阳光间是住宅中一个比较特殊的部位，也是最富有自然情趣的场所，利用它来改善居室的生活品质，创造人与自然的和谐环境，可以达到节约能源的目的，是每一个居住者都应关注的问题。因此，无论在阳光间的设计中，还是居住者的使用中，都要考虑发挥它的中介效应和呼吸作用，创造良好的生态效应。夏季晚上拉开保温窗帘，冬季则相反，白天拉开保温窗帘让太阳照射到室内，晚上则拉上保温窗帘形成厚厚的"棉被"，防止热量向外流失。加设窗帘后，冬季阳台外墙内表面的温度会比未安设前高许多，与人体的热辐射交换会大大减少，使人体感觉更为舒适。某些特殊窗帘，如热反射窗帘可以更有效加强阳台冬季保温、夏季隔热的作用，使居住室冬暖夏凉，能耗减少。

(3)增加阳光间的蓄热量。增加阳光间的蓄热量，减小其温度波动，可以确保室内环境的热稳定性和舒适性。阳光间的地板是最具有蓄热作用的部位，因此宜采用石材、地砖等铺装材料，这些材料与木地板相比具有更大的蓄热系数。有些家庭为了追求某种格调，甚至在这一区域铺设了鹅卵石，这也是一种非常好的蓄热体。阳光间的墙体，特别是和房间之间的横向墙体，是储存热量的好位置，这些墙体在冬季可以充分接受太阳辐射，并将其热量的一部分传给房间，其余的热量可以加热阳光间。

（4）改善阳光间的生态环境。在阳光间种植花草，不仅可以美化环境，使人心旷神怡，产生回归自然的感觉，而且还可以净化室内空气，增加含氧量。进入室内的空气经过这一层"处理"后，其洁净度得到了改善，大大提高了生活空间的空气品质。

阳光间是住宅中的重要组成部分，它不是简单的居住室扩大部分，不能将其功能作用轻视。阳光间所具有的中介效应和呼吸作用应引起人们足够的重视，并且充分挖掘这些特性，将其结合到建筑设计中来，进一步提高人们的居住环境品质，实现节约能源的目的。

（5）加强阳光间的冬季保温和夏季遮阳通风。由于玻璃本身保温性能相对较差，除了采用保温性能较好的双层或多层玻璃外，还可以设置保温窗帘或百叶。由于温室效应，在夏季必须考虑阳光间降温。控制阳光间太阳辐射的方法和一般的受阳光直射的玻璃或其他构件并无区别，如采用活动式遮阳设施、自然通风等。

如图 2-116 所示为位于海拔 2400 多米的严寒气候区的土耳其国家天文台客房，冬季的大雪使基地与世隔绝，建筑关闭，但机械和电子设备会受到严寒的不利影响，因此要求室内温

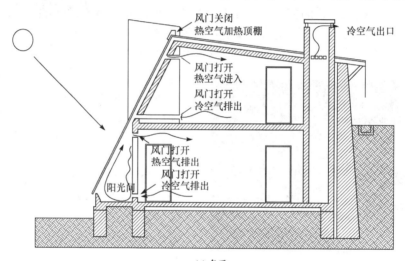

(a) 冬季

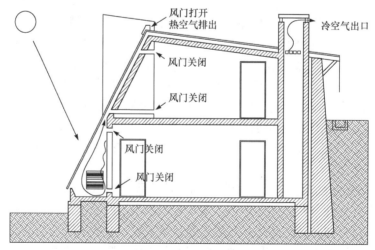

(b) 夏季

图 2-116　土耳其国家天文台客房剖面图

度保持在冰点之上。经过精心设计，采取了以下措施：保温良好，北侧掩土，只在南立面上设有窗户；南墙涂黑，前面设置了一面倾斜的玻璃，在首层形成了一个阳光间；为避免夏季过热，阳光间下部的侧面设置了通风口，室外凉空气从此处进入阳光间，热空气从屋顶通风口排出。

### 4. 屋顶

对于多层和高层建筑，屋顶在整个外围护结构中所占的比例较小，因此通过它的热量损失也较小，但是外围护结构表面接受的太阳辐射以水平面最大、东西向其次、南向较小、北向最小。对于顶层住户而言，屋顶对室内温度的影响最显著，因此有必要对屋顶的保温隔热性能给予足够的重视。除了增加屋面保温材料层的厚度之外，在南方地区，还要采取架空屋面、种植屋面等隔热措施，来减小屋顶的太阳辐射热。在独立式住宅中，屋顶的热工性能对室内环境的影响巨大，因此做好屋面的节能设计，对于创建良好的室内热环境、降低夏季空调制冷负荷有重要的意义，屋面主要有以下几种形式。

1）保温隔热屋面

屋面的保温隔热设计首先应满足规范中对导热系数的要求，在屋面保温和隔热方面，目前常采用以下几种方法。

（1）正铺法，即在屋面上将保温隔热层铺在防水层之下，为了防止热量向室内辐射，屋面设有通风间层或架空隔热板。

（2）倒铺法，即在屋面上将保温层铺在防水层之上，使防水层掩盖在保温层之下，可保护防水层免受损伤。这种保温层最好采用吸湿性小的渗水材料，如挤塑聚苯板等。在保温层上可选择大粒径的卵石或混凝土板作为保护层，可延缓保温材料的老化过程。

（3）在屋面上加盖保温隔热的岩棉板。用水泥膨胀珍珠岩制成方形的箱子，内填岩棉板，倒放在屋面上，在板与屋面之间形成 3cm 的空气间层。外屋面材料应尽量选用节能、导热系数小、稳定性好、价格低、节土、利废、重量轻、力学性能好的材料，施工时应确保温层内不产生冷凝水。另外，坡屋面通风屋顶这一技术已在全国很多新建住宅中全面普及，不仅使用效果良好，而且也美化了城市。

如图 2-117 所示为日本地球环境战略研究机构总部采用的大挑檐主动式太阳能双重屋面在夏季和春秋过渡季节的示意图，其遮阳、保温隔热、发电效果很好。

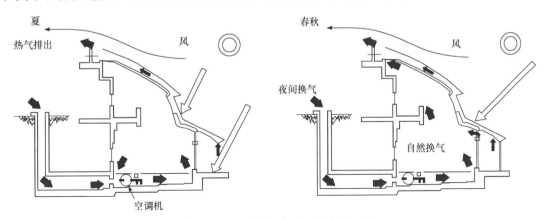

图 2-117　双重屋面在不同季节的作用

图 2-118　某住宅屋顶绿化

2）种植屋面

种植屋面在西欧和北欧乡间传统住宅上应用较为广泛，近年来，随着人们对环境要求的提高，在我国土地资源紧张、生态环境形势日益严峻的城市，种植屋面逐渐受到青睐。目前，已有越来越多的种植屋面应用于城市型低层、多层住宅建筑及公共建筑的屋顶上。种植屋面（图 2-118）具有良好的保温隔热性能，可以降低屋面反射热，增加保温隔热性能，改善室内热环境，降低能耗，改善微气候，提高居住区绿化效果，减缓城市的热岛效应和温室效应，降低城市排水系统的负荷。公共建筑的屋顶花园还可为公众营造优美舒适的休憩环境。

种植屋面需要注意的问题有：安全的公共通道（包括无障碍通道）、疏散空间的需求、防水及种植设计。

传统种植屋面的做法是在防水层上覆土，再植以茅草，随着无土栽植技术逐渐成熟，目前多采用纤维基层栽植草皮，这种技术在我国已得到初步发展并开始批量生产。种植屋面主要可分为以下两类。

（1）粗放型种植屋面比较轻巧，种植土厚度通常为 50～100mm，宜种植花草等浅根植物，维护要求较低，只需少量灌溉甚至不用灌溉，成本较低，通常适用于翻新工程。如图 2-119 所示的由荷兰著名建筑师库哈斯设计的乌得勒支大学报告厅采用了低耗能、低耗水的粗放型种植屋面，红色和黄色的景天属花朵既装饰了屋面，又保护了防水层。

（2）密集型种植屋面种植介质较厚，通常为 200～400mm（停车屋面的种植土可达 1000mm 以上），植物种类多，具有更好的景观视觉效果，可供公众休憩游乐，但重量较大，需要更强的防止根系穿透屋面的系统，需要较高的成本和大量的维护工作。如图 2-120 所示的 Subaru 景观花园是新加坡首个可驱车通过的屋顶花园，1300m² 的花园中，植物和其他材料都经过精心选择，以确保使用者的安全。花园包括 Subaru 轿车展示区、带有瀑布的岩石层、雨林、草原、山地等多种景观区域，鼓励参观者驾车体验。

图 2-119　乌得勒支大学报告厅屋面

图 2-120　新加坡 Subaru 景观花园

3）蓄水屋面

如图 2-121 所示，蓄水屋面可以成为冬暖夏凉的温度"调节器"，通过上部所设的可控保温隔热板在冬夏两季进行合理控制，可以起到夏季降温、冬季保暖的作用，效果非常好，但放水构造比较复杂。

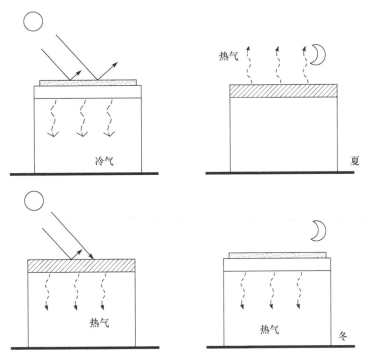

图 2-121　蓄水屋面的"调节器"作用

4）双重屋面

按其目的不同，双层屋面可分为双层隔热屋面和双层集热屋面，也可以根据季节的变化，通过转换风口将双层屋面的隔热和集热功能集于一身。

（1）双层隔热屋面。

双层隔热屋面即通风隔热屋面，就是在屋顶设置通风间层，上层表面遮挡阳光辐射，同时利用风压和热压作用将间层中的热空气不断带走，使通过屋面板传入室内的热量大大减少，从而达到隔热降温的目的（图 2-122）。在我国南方很多地区，夏季太阳辐射比较强，而屋顶又是防热的首要部位，因此多做通风间层（图 2-123）。

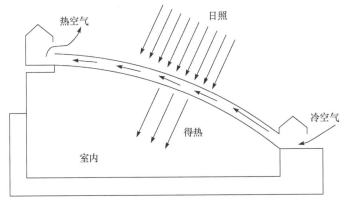

图 2-122　双层隔热屋面原理

图 2-123　南方某住宅通风间层屋面

屋顶平台上的遮阳棚架也是双层隔热屋面的一种。特别是在热带和亚热带地区，全年无冬，夏季炎热，太阳辐射强烈，普通屋顶容易吸收太阳辐射热，外表面和周围空气温度差可达 50℃ 左右，屋顶房间热舒适性较差，夏季空调冷负荷很大。而在冬季，由于屋顶冷辐射的影响，也会降低顶层房间的热舒适性。因此，近年来，出于遮阳节能和建筑艺术的需要，热带、亚热带地区的建筑师们纷纷创造了不同的屋顶遮阳形式，查尔斯·柯里亚设计的英国议会大厦(图 2-124)和 MRF 公司总部大楼(图 2-125)，以及杨经文的许多作品(图 2-126)中都运用了这种处理手法。巨大的遮阳棚架为屋面和墙面投下浓重的阴影，可以遮挡炎炎烈日，同时该建筑形式产生了连续的视觉效果，创造出富有表现力的整体建筑形象。

图 2-124　英国议会大厦

图 2-125　MRF 公司总部大楼

图 2-126　Roof-Roof House

(2)双层集热屋面。

双层集热屋面即空气集热屋面。建筑屋面作为集热部件有其特有的优势：不影响建筑立面；日照条件好，不受朝向影响，不易受到遮挡，可以充分地接受太阳辐射；系统可以紧贴屋顶结构安装，减少风力的不利影响；并且，集热器可替代隔热层遮蔽屋面。

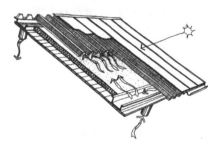

图 2-127　空气集热屋面

双层集热屋面的上层表面实际上是太阳能集热器，收集太阳能加热间层中的空气。根据气流通路的不同，空气集热屋面可分为两种类型：一种是封闭循环式的，间层中的空气和室内空气形成环路，其原理类似于有通风口的特朗伯墙；另一种气流环路是开放式的，不断从檐下引入室外新鲜空气，在间层中预热，热空气上升，经风扇吹入室内(图 2-127)，此形式适合于白天需要大量新风的建筑，其原理类似于呼吸式太阳能集热墙。

### 5. 地面

作为围护结构的一部分，地面的热工性能与人体的健康密切相关。除卧床休息以外，在室内的大部分时间，人的脚部均与地面接触，为了保证人体健康，就必须维持与周围环境的热平衡关系。地面温度过低不但会使人感到脚部寒冷，而且会导致人患风湿、关节炎等疾病。另外，地面热工性能也对室内气温有很大的影响，良好的建筑地面，不但可以提高室内热舒适度，而且有利于建筑的保温节能，应该引起足够的重视。

1）面层材料的选择

我国《民用建筑热工设计规范》(GB 50176—2016)规定：高级居住建筑宜采用Ⅰ类地面；对地面热工性能要求一般的居住建筑，可采用不低于Ⅱ类的地面。

地面面层材料的热工性能是通过吸热指数来衡量的，地面的吸热指数 $B$ 按式(2-2)计算：

$$B = b = \sqrt{\lambda C \gamma} \tag{2-2}$$

式中，$\lambda$ 为地面面层材料的导热系数[W/(m·K)]；$C$ 为地面面层材料的比热容[(W·h)/(kg·K)]；$\gamma$ 为面层材料的密度(kg/m³)。

采暖建筑地面的热工性能标准见表 2-10。

表 2-10　采暖建筑地面热工性能标准

| 类别 | | $B$ | 脚感评价 |
|---|---|---|---|
| 国家标准 | Ⅰ | <17 | 脚暖 |
| | Ⅱ | 17～23 | 中等脚冷 |
| | Ⅲ | >23 | 脚冷 |
| 国际标准 | Ⅰ | <12 | 脚暖 |
| | Ⅱ | 12～17 | 中等脚暖 |
| | Ⅲ | 17～23 | 中等脚冷 |
| | Ⅳ | >23 | 脚冷 |

2）地面保温

我国采暖居住建筑地面的表面温度较低，特别是靠近外墙部分的地表温度常常低于露点温度。地面表面温度低、结露较严重，室内潮湿、物品生霉，从而恶化了室内环境。另外，采暖房屋地板的热工性能对室内热环境的质量，以及人体的热舒适有重要影响。底层地板和屋顶、外墙一样，也应有必要的保温能力，避免地面温度太低。由于人体足部与地板直接接触传热，地面保温性能对人体健康和舒适性的影响比其他围护结构更加直接和明显。

体现地面热工性能的物理量是吸热指数 $B$，$B$ 值越大，说明地面从人体吸热越多、越快。地板面层材料的密度 $\rho$、比热容 $C$ 和导热系数 $\lambda$ 值的大小是决定地面的热工指标——吸热指数 $B$ 的重要参数。以木地板和水磨石两种地面为例，木地面的吸热指数 $B$=10.5，而水磨石的吸热指数 $B$=26.8，即使它们的表面温度完全相同，但赤脚站在水磨石地面上，就比站在木地面上的脚感冷得多，这是因为两者的吸热指数 $B$ 值不同。

　　根据 $B$ 的取值，我国现行的《民用建筑热工设计规范》(GB 50176—2016)将地面划分为三类：木地面、塑料地面等属于 I 类；水泥砂浆地面等属于第 II 类；水磨石地面属于 III 类。高级居住建筑、托儿所、幼儿园、医疗建筑等，宜采用 I 类地面。一般居住建筑和公共建筑(包括中小学教室)宜采用不低于 II 类的地面。至于仅供人们短时间逗留的房间，以及室温高于23℃的采暖房间，则允许采用 III 类地面。

　　$B$ 值是与热阻 $R$ 不同的热工指标，$B$ 越大，说明从人体吸收的热量就越快、越多。试验研究证明，地面对人体舒适性及健康影响最大的部分是厚度为 3～4mm 的面层材料。

　　为提高采暖建筑地面的保温水平并有效地节能，严寒地区及寒冷地区应铺设保温层，如采用碎砖灌浆保温时，厚度应为 100～150mm；对于周边无采暖管沟的采暖建筑地面，沿外墙 0.5～1.5 m 范围内应加铺保温带，保温材料层的热阻不得低于外墙的热阻；对于直接接触土壤的非周边地面，一般不需要保温处理，其导热系数即可满足要求；对于直接接触土壤的周边地面(即从外墙内侧起 2.0m 宽范围内的地面)，应采取保温措施，使其导热系数小于或等于 0.3W/(m² · K)。

# 第3章 自然通风与建筑设计

## 3.1 自然通风的成因

自然通风在建筑中的流动形式取决于驱动力的强度与方向，以及流动阻力。自然通风的驱动力是风压和空气密度差。

### 3.1.1 风压

由风力驱动的自然通风依靠的是建筑外墙之间的压力差(图 3-1)，也就是我们通常所说的风压，与风压通风设计相关的因素有以下几种。

(1)建筑周围地形(城市开阔地带或市中心)，已有的局部障碍物(其他建筑、树带等)，这些都能为场区规划以及景观设计提供机会以强化自然通风。

(2)风速大小以及相对于建筑的方向。

(3)建筑体量，可以从建筑形式以及细节方面的设计，考虑提高风压通风的潜力。

空气总是从高压面流向低压面，一般情况下，建筑的迎风面是正压，背风面以及与空气流

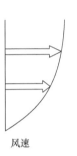

风速

风压分布

图 3-1　风压

动方向平行的建筑表面是负压。气流速度随高度增加而增加，同时风压与风速的平方成正比，对于高层建筑，当风速较大时，建筑上部所承受的风压将会非常大。

风造成的压力差沿着建筑的宽度方向，因此风的流动方向是水平的，空气的流入和流出基本在同一水平面。通过仔细设计顶部的烟囱，可以利用风力驱动垂直通风。

通过建筑场址选择，仔细考虑建筑朝向，可以最大化利用风力驱动通风，这种潜力可通过景观设计进一步强化，如植树等。如果今后场址还有其他建筑，它们的相对位置将会影响空气流动。除此以外，也应该认真考虑冬季风大、夏季风小的影响，这些因素对于通风策略的实施都有重要影响。

### 3.1.2 热压

热空气的密度要小于冷空气，如果两部分温度不同的空气被某一界面分隔，由于两侧压力梯度不同，在界面两侧会产生压力差。通常情况下，当室内温度高于室外温度时，在建筑下部，压力方向朝内，而在上部，压力方向朝外。当在界面上设置有开口时，建筑内部将会产生向上的气流，在上部排出的热空气被下部的冷空气替代，这就形成了烟囱效应。这种烟囱效应可引起垂直空气流动，同时在界面处也有水平方向的流动，可以补充上部排出的热空气。通风轴的形式有很多种，如图 3-2 所示为中庭烟囱效应的基本原理。

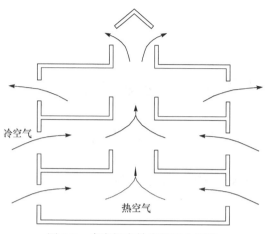

图 3-2　中庭烟囱效应的基本原理

对于图 3-2，需要特别指出的是气流模式。"压力中性面"处于二楼和三楼之间，中性面的位置取决于密度差、两侧空气体积以及垂直方向的开口分布；热压取决于温度差和开口到中性面的高差(进风口和出风口的位置)。此外，由于建筑上部区域的驱动力有所减小，需要通过增大开口面积来增加通风量。

热压效应不仅仅沿建筑高度方向发生，压力差同样也会发生在垂直大面积相互连接的开口区域。例如，窗户较大时，空气往往会从窗户底部流入，从顶部流出。因此，即使房间密闭效果很好，与其他房间完全隔离，该房间也可依靠这种机理进行通风换气。当内部和外部温度相等或温差很小时，热压效应趋近于零，也就不会有通风。

## 3.2　自然通风的类型

根据形式和布局，自然通风的基本类型有三种，即单侧通风，双侧通风和拔风。

### 3.2.1　单侧通风

单侧通风仅仅依靠房间内一侧的开口通风，这种形式多用于组格式房间，一侧有开窗，另一侧房门关闭，与其他房间隔离。

1. 单开口

如图 3-3 所示，对于单开口房间，夏季自然通风的主要驱动力是空气湍流。与其他策略相比，这种策略的通风率较低，通风区域在开口附近，难以影响房间的内部区域。

2. 双开口

如图 3-4 所示，当房间在一个立面有两个不同高度的开口时，可以利用烟囱效应加强通风率。此外，通风口处的风压也可以进一步加强通风。

一般来说，单侧单开口通风的有效深度是房间高度的 2 倍；单侧双开口通风的有效深度是房间高度的 2.5 倍。

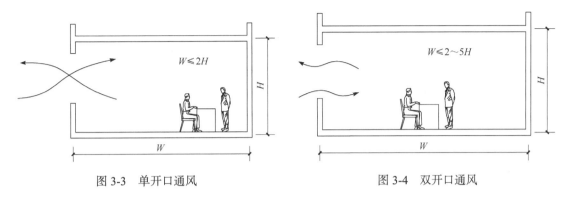

图 3-3　单开口通风　　　　　　　　　　　　　　　图 3-4　双开口通风

　　增加开口的垂直距离以及室内外温差可以强化抽风,诱导通风。为了使抽风压力作用的高差最大化,需要增加除窗户外的通风口。在设置通风口时,应特别注意低高度的通风口设置,以免在冬季带来不舒适的局部风。除了提高通风率外,采用双开口策略同时也可以增加新风的引入量。

### 3.2.2　双侧通风

　　双侧通风发生在房间两个相对立面都有通风口的情况(图 3-5),空气从一侧流入,然后从另一侧的窗或门流出。当空气流过工作区时,空气将带走热量和污染物。因此,双侧通风的有效宽度(房间高度的 5 倍)有一个限值,这个限值也使得建筑的进深较小,一般的设计方法是将房间布置在一个开放式庭院的周边,同时这种方法还有一个优点——可增强自然采光能力。

　　这个设计策略的主要问题是建筑两侧的进风口和出风口之间的风压差系数应足够大,然而,针对上述的庭院式设计方法,这一点很难达到,因为中心庭院以及背风面都将处于相似的压力状态下。

　　另一个需要仔细考虑的问题是空气流动阻力,尤其是在夏季,如果一侧开口关闭,或房间内部有分隔(尤其是房间高度分隔),通风能力将会受到很大影响。这种情况下,通风能力将主要取决于单侧通风。

　　双侧通风的另一种形式是利用窗户将室外空气从高处引入,然后分配到工作区域,最后从背风面排出,也称为风铲,如图 3-6 所示。

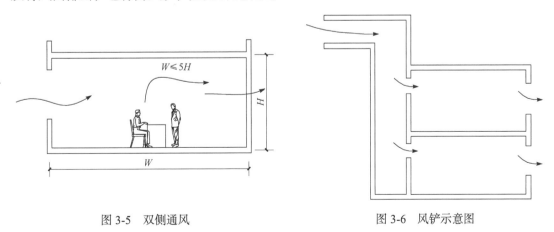

图 3-5　双侧通风　　　　　　　　　　　　　　　图 3-6　风铲示意图

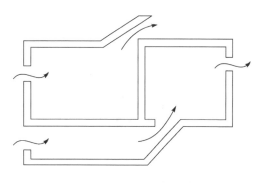

图 3-7 管道或地板双侧通风

在有主导风向时，双侧通风的性能会加强。当风向变化较频繁时，就需要设置多个入口，通过自动控制来关闭背风开口，开启迎风开口。风速随高度增加而增大，因此在结构的顶端，风压最大，这样，对于整个建筑而言，系统保持正的压力梯度。当设计风铲时，必须要考虑抽风压力，因为它的压力方向与设计的气流方向相反。

当需要改进气流内部区域的分配时，可利用管道或地板双侧通风通道进行输配，如图 3-7 所示。这一方法可以防止气流串联流动，即气流流经下层工作区后携带污染物和热量，然后又为上层房间提供新鲜空气。在建筑一侧有污染源而不能采用双侧通风的情况下，这种策略也是一个较为合适的方法。

### 3.2.3 拔风

拔风是指建筑内部上层空气被排出，致使室外冷空气由下部进风口被吸入补充的通风策略，这种策略利用热空气与周围冷空气的密度差进行通风。

由于空气由下部进风口流入，上升至上部排风口后排出，在确定每层的通风口尺寸（开口面积）时，需要特别仔细。为获得相等的通风效果，不同高度的开口面积也应不同，英国某大学建筑的设计情况如图 3-8 所示，这也是出于安全考虑，尤其是采用夜间通风时。

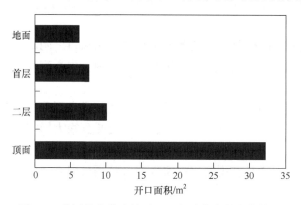

图 3-8 英国某大学建筑开口面积随高度的变化情况

通过将排风口设置在风负压区，可以增强通风效果，这需要仔细考虑排风口的位置与形式。在单独一个区域内，拔风实际上是双侧通风。空气从空间的一侧流入，然后从对面一侧排出。空气可以横穿房间，然后从另一侧进入风道，最后从风道顶部排出。也可以从边缘流向中部，然后通过中部风道或中庭排出。拔风通风的有效宽度是房间高度或进风口与顶部排风口高差的 5 倍。

#### 1. 烟囱通风

烟囱可以作为拔风设备，采用这种方式的一个最主要的要求是烟囱内部空气温度高于周围空气温度。如果烟囱暴露于室外的面积很大，那么还需要进行保温处理。

烟囱设置的目的是通风，因此可以完全根据压降要求进行尺寸设计。可以设计成单个烟囱，也可以设计成多个小烟囱以满足通风的要求。例如，当建筑邻街时，可以考虑将烟囱设置在公路侧，用来防噪声，图 3-9 所示为德蒙福特大学的一个烟囱通风实例(图 3-9)。

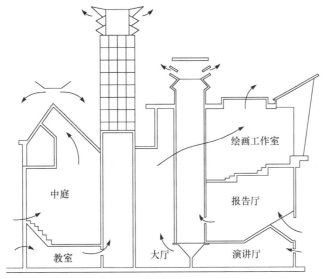

图 3-9　德蒙福特大学采用的烟囱通风

为了增强抽风压力，可以采用太阳能烟囱，这种烟囱将玻璃材料结合到烟囱中，太阳辐射被烟囱表面的玻璃吸收，然后通过对流加热内部空气，通过浮升作用，内部空气上升排出。采用这一方案时，需要保证在寒冷气候下，烟囱有净得热(如太阳辐射得热大于热传导损失)，如果达不到，浮升力减小，烟囱的通风效果将降低。在寒冷气候下，由于热传递损失，烟囱表面的温度将很低，这可能造成向下的通风，从而抑制烟囱向上的气流。太阳能烟囱的优点是，由于其要设置在建筑的向阳侧，较凉爽的新鲜空气将会从对面(背阴面)引入。

另一个重要的设计细节是烟囱排风口，它应该设置在风负压区内，负压区可以通过仔细设计屋顶形式或排风口形式来形成。如果设计不合理，形成风铲式的正压区，那么将会完全干扰向上的气流。

在炎热静风条件下，可在烟囱轴顶设置排风扇来驱动空气流动。在这种情况下，也需要仔细设计，避免在未使用排风扇时对自然通风造成显著的阻力。

**2. 中庭通风**

中庭通风是烟囱通风的一个形式，实际上，位于建筑中心的烟囱也能达到同样的效果，但本质的不同在于，中庭还具有其他功能，如作为公共区域、社交区域等。中庭能提供有用的空间，因此其在设计上是一个非常重要的元素，当然，这些功能也可能会限制其通风效果。

中庭能够提供良好的通风效果，通过中庭，空气可以从四周汇向建筑中部的排风口，因此建筑的有效通风宽度可以增加很多，如图 3-10 所示。同时，中庭也可以为进深大的建筑提供自然采光的机会或作为多用途的场所。中庭的形式有很多种，双侧通风半径(建筑周边到中庭的距离)的极限值一般为 15m。如果中庭可以为周边工作区域提供充足的自然采光，那么在方圆 15m 的区域内，就有绝大部分区域在较长时间内都能得到自然光照明，这可以带来能源与环境的双重效益。此外，中庭还可以作为一个热缓冲区，在冬季减少周边房间的传热损失。

中庭的设计目的就是利用自然光，同时又可以利用太阳能，中庭太阳能得热的使用方法取决于具体的用途。为了促进自然通风，中庭区域内的空气温度应尽可能地高，同时应与中庭高度成最大比例。但是如果中庭对周围空间开放，或在上层区域有横跨的步行通道，那么这部分工作区域会由于温度过高而使人感到不舒适。因此，设计时还需要结合工作区域进行考虑。如图 3-11 所示，吸热表面有：①建筑结构；②遮阳板或百叶窗帘，同时其可以作为遮阳设施以防止太阳直射通过中庭进入工作区域，而且遮阳板还可以用来调节采光，防止眩光。

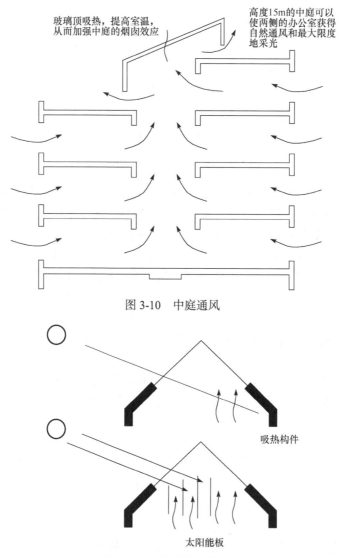

图 3-10  中庭通风

图 3-11  太阳辐射吸收策略

当采用烟囱策略时，屋顶通风口的设置要与屋顶形式相结合，避免正压风直接作用在排风口，使排风口一直处于负压区。主要的措施有：①设计屋顶形式，保证在任何风向下，排风口始终处于负压区；②设计多个排风口，通过自动控制，关闭迎风面排风口，开启背风面排风口。

对于烟囱，在炎热静风条件下，可利用排风机辅助自然通风。通过相应的消防设计，烟囱也可作为消防排烟系统的一部分。

### 3. 双层皮通风

双层立面是太阳烟囱的特殊形式，这种方式利用中空百叶窗作为吸热表面，来促进立面内的空气对流。同时，它也可以防止太阳光直射穿过立面进入工作区域。

中空部分也可作为送风箱，而不是排风箱。室外新风从底部进入中空层，而此时中空层就如同一个太阳能集热器，于是新风被加热。接着，被加热后的空气通过中空层与室内通风口进行送风。如果中空层内的空气过热，那么可以将其排到室外或送入热回收装置。

双层立面的材料选择非常重要，如果导热损失过大，太阳能集热作用的效率将会降低。此外，还应考虑空气温度和湿度、玻璃表面温度等，防止结露。典型双层立面形式和特点见表 3-1。

**表 3-1　典型双层立面形式和特点**

| 图示 | 说明 |
|---|---|
| | 太阳能集热/保温密封中空层(冬季适用)<br>中空层相当于室内与室外的一个热缓冲区，由于导热与渗透损失减少，空气供热负荷减少，太阳能利用效果好，同时可以起到隔音效果 |
| | 太阳能集热/空气预热/保温密封中空层(冬季适用)<br>中空层相当于室内与室外的一个热缓冲区，由于导热与渗透损失减少，空气供热负荷减少，在新风预热之后被送入室内，其优势是可减少能量消耗，自然采光效果好，同时室内设施可以灵活布置，房间周边区域也不受限制，可提供更多的可利用空间，还具有隔音效果 |
| | 可开启太阳能控制双层立面(过渡季节适用)<br>可开启外围护结构使自然通风得以应用，根据需要，百叶窗可提供太阳能防热或集热，其优势是自然采光效果好，同时室内设施可以灵活布置，房间周边区域也不受限制，可提供更多的可利用空间，还具有隔音效果 |
| | 防太阳得热密封双层立面(夏季适用)<br>中空层的百叶窗能有效地实现太阳能控制，从而减少空调冷负荷，可利用空间增多，费用减少。中空层内的空气吸收得热后，通过中空层排到室外，其优势是自然采光效果好，同时室内设施可以灵活布置，房间周边区域也不受限制，可提供更多的可利用空间，还具有隔音效果 |
| | 防太阳得热通风双层立面(夏季适用)<br>中空层的百叶窗可达到非常好的太阳能控制效果，可开启外围护结构，使得自然通风得以应用，其优势是能利用夜间通风，自然采光效果好，可减少或不用设备制冷，从而降低成本，增加可利用空间 |

# 3.3　自然通风设计

### 3.3.1　风压通风设计

空气流过房间会带走热量，其流速与进风口和出风口的面积大小、室外风速大小、风相对于开口的方向都有关系。当空气流速一定时，能带走的热量取决于建筑物室内外的温度差。当空气从建筑物周围流过时，在迎风面形成了高压区，而在背风面形成了低压区，最有效的风压通风是将入口放在高压区，而将出口放在低压。气流的速度取决于进风口和出风口之间的压力差，当进风口的面积较大而且风向与窗户垂直时，通风的速度最大。

例如，保罗·鲁道夫设计的佛罗里达州萨拉索塔市的 Cacoon 住宅(图 3-12)，将整个房子作为一个房间来处理，让相对的墙面完全开放并安装活动百叶，这样就可以获得最大的通风面积。

图 3-12　Cacoon 住宅

位于马提尼克岛的安的列斯与圭亚那大学主教学楼(图 3-13)就采用了类似的风压通风设计，使建筑的长边完全敞开并安装活动百叶。在气候持续湿热的加勒比海地区，建筑设计采用大开口的方式，在室外风速变化的情况下，让大量的空气流入室内而保持较小流速，这样既能给办公室降温又不会吹散纸张。建筑师在所有的通风开口上安装了起保护作用的较深的百叶遮阳装置，以减小因太阳得热而引起的降温负荷。

当风的方向不与窗户垂直时，也可得到有效的通风，朝向沿垂直于主导风向变化 45° 不会明显减弱通风效果。当开口不能朝向主导风方向以及房间只能有一面墙可开窗时，景观地形的设计或翼墙可以用来改变建筑物周围的正压区和负压区，引导风沿着与主导风平行的方向流过窗户。

如果位置正确，垂直的悬挑可以在一个窗户处创造正压区，而在另一个窗户创造负压区，外开的门式窗户可以产生类似的效果。翼墙只对建筑物迎风侧的窗户起作用，而对背风侧的通风开口不起作用，在安的列斯与圭亚那大学主教学楼中，建筑的迎风面采用了宽的竖直板，竖直板可根据风向的变化进行及时调节(图 3-14)。这些竖直板同样有助于对开口进行遮阳，上层楼板的较大悬挑部分可以使这些开口免受雨淋。

图 3-13　安的列斯与圭亚那大学主教学楼

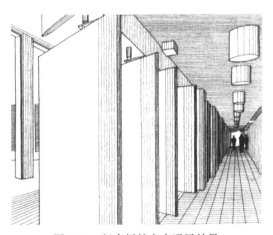

图 3-14　竖直板的室内通风效果

### 3.3.2　热压通风设计

当室外有风且室外温度低于室内温度时，利用风压通风是一种非常有效的降温策略。然而，在无风的时候(例如，在晚上或者在某些气候条件下室外空气非常平静时)，以及由于场地的遮挡难以形成通风时，由于没有室外风压驱动室内空气流动，利用烟囱效应进行热压通风仍可以达到类似的降温效果。热压通风还有一个优点，那就是不受建筑朝向的影响。

在一间利用热压通风降温的房间里，热空气上升，从房间上部开口流出，冷空气从房间下部开口进入室内，置换上升的热空气。气流经过室内带走热量，其流速与进风口和出风口的垂直高差、进出风口的大小以及室外气温和室内平均气温的温差有关。热压通风利用空气密度差产生的重力差来形成通风,可以采取一些策略来提高其性能,而且这些策略都是针对建筑的剖面设计的。

房间的有效通风高度可通过设置屋顶烟囱来增加,如图 3-15 所示的英国建筑研究院办公大楼,其南侧设置了 5 个通风烟囱,供较低的一、二层使用,二层的烟囱利用高度扩大了进出口的距离。大楼南侧装有玻璃窗,从而加热流出的空气,增大与入口空气的温差。当自然风流不足时,可利用烟囱中的风扇进行辅助通风。

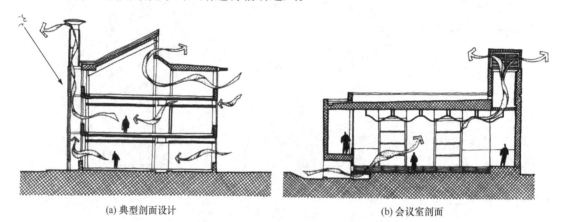

(a) 典型剖面设计        (b) 会议室剖面

图 3-15 英国建筑研究院办公大楼

将出风口布置在由于风流过建筑而产生的负压区或吸风区,可提高出风口的功效。如图 3-15 所示,在大楼顶层背风侧布置了高侧窗,以产生烟囱效应,从而进行热压通风降温。

如图 3-16 所示的位于华盛顿的美国国家建筑博物馆,一个大的中庭可以提供热压通风,由于中庭的烟囱效应,室外空气经由中庭周围的小办公室引入,再从中庭的顶部排出。

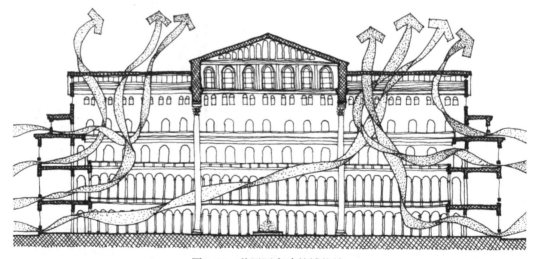

图 3-16 美国国家建筑博物馆

### 3.3.3 综合通风设计

当建筑物开口不能得到自然通风时,可设计捕风器来辅助自然通风。在低层高密度居住区,由于上风向的建筑物阻挡了下风向的建筑通风,很难使每栋建筑都获得良好的通风。在这种情况下，可利用捕风器，从建筑物的上方将较冷、较干净的空气导入下面的房间。

在建筑朝向方面，考虑日照和遮阳的朝向与考虑通风的朝向有时是矛盾的。捕风器的优点之一是它可以从任何方向捕捉到风，而主要的建筑形式则可体现出其他方面的要求，如在冬季收集太阳能。

平均风速随距离地面高度的增加而增大，因此风塔允许风速很大的风进入，其开口就可以小于底层窗户的大小。由于高处有较少的障碍物，风塔可从各个方向捕捉到风。

如图 3-17 和图 3-18 所示，坐落于多哈市的卡塔尔大学采用了八角形的建筑形式，顶部装有旋转了一个角度的正方形捕风器，可四面捕风。由于房间围绕一系列紧凑的内院布置，在屋顶上方开口是将风导入室内进行风压通风的唯一途径。从进风口来的风，由垂直板引导向下，便可流入与之相连的小房间和走廊。

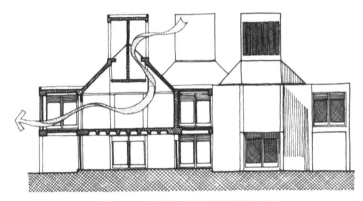

图 3-17　卡塔尔大学教学楼剖面图

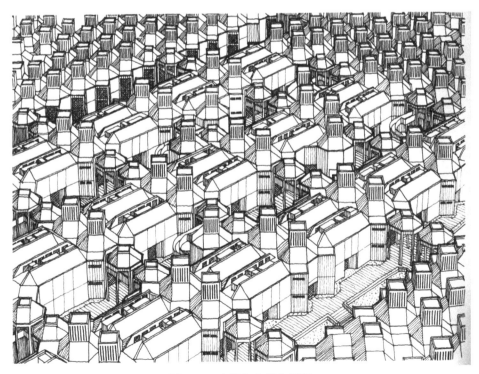

图 3-18　卡塔尔大学全景图

　　哈桑·法赛(Hassan Fathy)为埃及的新巴里斯露天市场(图 3-19)设计了一系列高耸且不定向的捕风器。露天市场的剖面显示出，庭院迎风一侧的商店能够得到风压通风，但它们会对下风向一侧的商店造成很大的遮挡。为了解决这一问题，设计师采用了从高处捕风的办法，将其直接导入下面两层，其中底层为储存易腐食品的地下室，然后空气从烟囱通风塔的上部出风口排出。风塔上盖有倾斜的金属百叶风帽，产生文丘里效应，增强通风。

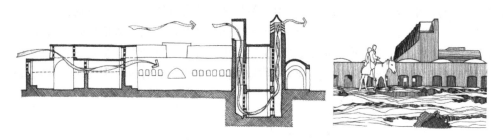

(a)市场剖面设计　　　　　　　　　　　　　　(b)市场外观

图 3-19　埃及新巴里斯露天市场

# 第 4 章　天然采光与建筑设计

建筑采光设计的主要目标是为日常活动和视觉享受提供合理的照明。基本设计策略是不直接利用过强的日光，而是间接利用，间接利用日光是为了解决对日光这个光强极高的移动光源的合理利用问题。采光设计应当与建筑设计综合考虑，融为一体，以使建筑获得适量的采光，有效地利用它实现均衡的照明，避免眩光。

## 4.1　天然光利用原则

对于多云地区，一年中大部分时间没有充足的日照，采光设计策略应当做出相应调整。在这种情况下，光源就是整个天空，而不是太阳或被太阳照亮的表面。虽然某些日光照明的策略同样适用于天然采光，如有效利用光线、控制光亮以及建筑整合等，但是阴天或多云天气下的天空是一个面光源而不是点光源，因而天然光的利用可采用以下原则。

1. 将视觉作业点靠近采光口布置

在实际设计和使用中，要求视觉作业点不能离窗口侧窗、天窗或有窗的墙壁太远。通常，天然采光的窗口需要比日光照明更大，对于侧面照明，房间的最大进深不应超过窗楣离地高度的 2 倍。

2. 防止眩光

天空是一个明亮的光源，有潜在的眩光，因此应避免直接看到天空。在阴天的情况下，一般建筑室内得热不会很严重，所以在建筑物的外部不需要遮挡，在采光窗内侧进行适当调整即可。

3. 防止遮挡窗口

不应使用实体的遮光隔板和挑檐，因为在阴天的情况下，光线不能再分布，并且实体的遮光隔板和挑檐可能会减少到达视觉作业面的光亮。

4. 提高窗口位置

窗口的位置应能看到天空最亮的部分。阴天的天空顶端比其他平线处要明亮许多，比较高的窗口位置或水平的天窗能够提供更理想的途径，以接收更多的光线。

5. 调整室内饰面，减少光线吸收

应该尽量使用高反射比的室内饰面，使靠近窗口的顶棚高度达到最大，可允许设置较高窗口，并且使顶棚朝房间后部向下倾斜，从而使空间内部表面积达到最小。

# 4.2　天然采光设计方法

## 4.2.1　调整界面反射性能

　　房间各个界面的反射比对光的分布影响较大。一般说来，顶棚是最重要的光反射表面。由于大多数视觉作业更需要从顶棚反射而来的光线，顶棚就成为一个重要的光源，尤其是在又深又广的侧面采光的房间中。在顶部采光的小房间中，侧面墙壁的重要性随之增加。

　　如图 4-1 所示，各种平滑黑色表面与无光泽白色表面组合，与一个带窗户的墙面相对。图中的百分比数据表示相对于额定值为 100% 的白色表面条件下的照度。

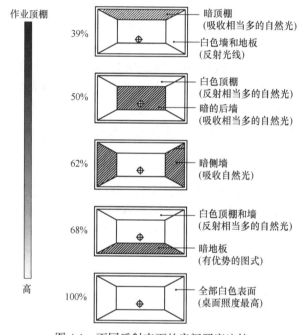

图 4-1　不同反射表面的房间照度比较

## 4.2.2　建筑平面布置对日照的影响

　　一座建筑的平面决定了其内部日光的分布。通常，进深比较小的建筑形式最容易通过窗口利用自然光进行照明。在人类无法使用人工照明之前，建筑物都是设计成窄长的形式，其进深比较小，即使在房间最深处也能够依靠日光来照明。建筑物常常限制为 L、E 等形状的平面，从而使其周围外墙能最大限度地接收自然光线。

　　通常情况下，天然采光有三种基本形式：侧面采光、顶部采光或中庭采光，它们都具有其独特的特点。侧面采光时，室内通过窗口的视线好，产生眩光的可能性大，有效照射深度受顶棚高度限制，不受建筑层数的影响；顶部采光时，没有通过窗口向外的视线，但产生眩光的可能性小，有效照射深度不受顶棚高度的限制，采光均匀，只能为本层建筑采光；中庭采光时，也没有通过窗口向外的视线，但产生眩光的可能性小，在中庭空间比例合理的情况下，有效照射深度基本不受顶棚高度限制，采光均匀，可以为多层建筑采光。

# 4.3　侧 面 采 光

侧面采光是在外墙上设置窗口。为了避免眩光和过度的得热量，以及有效利用自然光，需要考虑更多的因素，如受光面和反光面。在大多数情况下，顶棚是接收反射光线的最佳表面，它不应被遮挡，而应具有高反射比，并且能被一个空间里的大部分视觉作业区域所利用。为了能够更好地利用顶棚反射，侧窗采光应做到以下几点。

(1)增加作业面与顶棚之间的距离，使视觉作业区域获得更多的顶棚反射光，如图 4-2 所示。

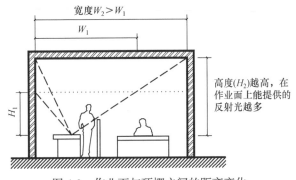

图 4-2　作业面与顶棚之间的距离变化

(2)增加光源与顶棚之间的距离，使光线在顶棚上更加均匀地分布，如图 4-3 所示。

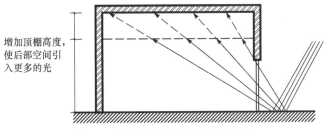

图 4-3　光源与顶棚之间的距离变化

(3)利用低置的窗户以及地面反射光，但应注意避免视线水平上的眩光，如图 4-4 所示。

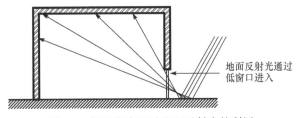

图 4-4　低置窗户以及地面反射光的利用

(4)使用各种高反射比的表面(顶棚、挡板、墙面、地面等)，如图 4-5 所示。

(5)设计顶棚的形状，利用从窗口向上倾斜的平整顶棚，以获得最大的有效反射比和最佳的光分布，如图 4-6 所示。

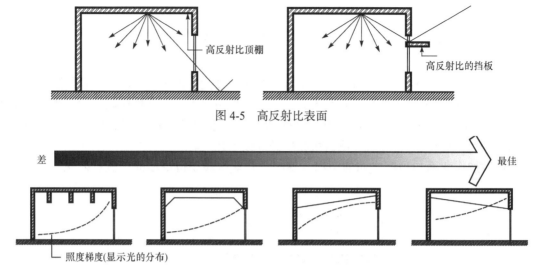

图 4-5　高反射比表面

图 4-6　顶棚形状对光分布的影响

### 4.3.1　日光反射装置的利用

日光反射装置具有和遮阳设施类似的形式，应能重新调节，确定方位，从而最大限度地接收到光线，并且能将光线重新射向空间中的各个位置。在全阴天情况下，它们的作用是有限的。日光反射装置也可以作为遮阳设施使用，其表面应具有高反射比，甚至采用镜面般的表面涂层材料。日光反射装置的设计常常要在兼顾最佳光分布和眩光控制的条件下合理确定，如图 4-7 所示。

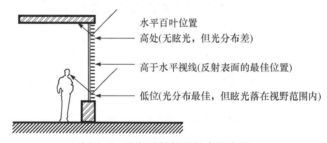

图 4-7　日光反射装置的合理布置

遮光隔板是水平遮阳设施及变向设备，它们通过降低窗口附近的光照水平，以及将光线改向射至空间深处，来改善空间中自然光的均匀度。一块遮光隔板在带窗户的墙面上有效分成两个开口，上部窗口主要用作照明，下部窗口用于内外视线交流。为了获得最佳的光分布，遮光隔板在空间中的位置应在不导致眩光的情况下尽可能地放低，一般在站立者的视线水平之上，常见的高度约为 2.1m，在这个高度，它们可与门楣及其他建筑结构元素齐平。另外，还可通过增加顶棚的高度来增强遮光隔板的效能，如图 4-8 所示。

从实际效果来看，一个遮光隔板的最小宽度由具体的遮阳要求决定。为了防止眩光，遮光隔板的边缘应能挡住从上部窗户进入的直接光。通过延伸遮光隔板的深度，光线分布的均匀度可得到改善。

当需要光线时，遮光隔板应被充分照明。在高太阳角时，遮光隔板应伸出在建筑物表面之外，这也为下部的景观窗口提供了附带的遮挡。遮光隔板一般是水平的，将其朝外侧向下倾斜将提高其遮挡效率，但光分布效率较低。将遮光隔板朝内侧倾斜时则效果相反，光分布效率更高，遮挡效率较低（图 4-9）。

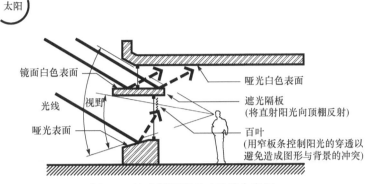

图 4-8　遮光隔板及百叶的综合应用

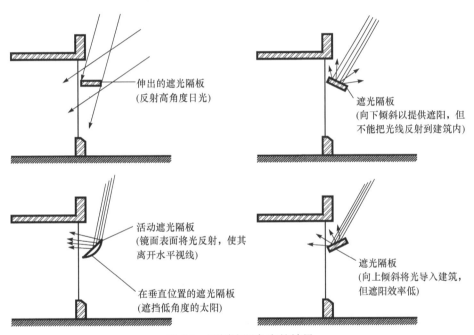

图 4-9　不同遮阳角度的效果

　　将两种特性结合起来的方法是，在水平的遮光隔板边缘增加一个向内倾斜的楔形，其产生的效果是，可将高太阳角的日光更深入地引进室内空间（图 4-10）。这个方法特别有用，因为遮光隔板一般在高太阳角（夏季）时比在低太阳角（冬季）时引入的光线更少。另外，应注意防止来自用在低于水平视线的遮光隔板上镜面反射器上的眩光。

　　将顶棚朝窗楣方向倾斜，这样可以通过提供一个明亮的表面，而使窗户处的对比度减到最低。在室外，可以将窗口设计成能使遮光隔板完全暴露在光照下。对于非常大的遮光隔板，或者是没有附设观景窗口的遮光隔板，在遮光隔板正下方的区域可能处于阴影中，这种情况可以通过设置浮式遮光隔板来缓解，允许少量的间接光线照亮阴影区域。

　　玻璃窗的位置影响着进入一幢建筑的太阳辐射量，凹进去的玻璃窗终年都具有遮阳作用，与外表面齐平的玻璃窗则会获得最高的热量。对于有季节性供暖需求的建筑，玻璃窗应取折中的位置。

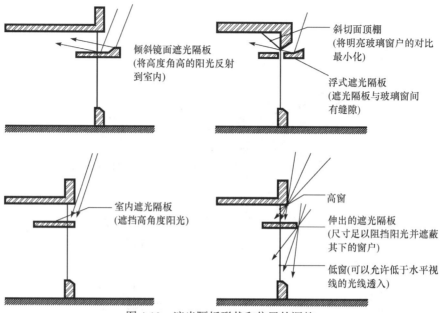

图 4-10 遮光隔板形状和位置的调整

反射型的低透射比玻璃会漫射光线并降低亮度，但是并不能避免直射日光造成的眩光。低透射比的玻璃极大地减少了昼光的穿透，例如，9m²、10%透射比的玻璃透过的光线和1m²、90%透射比的透明玻璃一样多。要尽量避免在透明玻璃邻近使用低透射比或彩色的玻璃，因为这样会人为地造成昏暗区域。

### 4.3.2　朝向对采光的影响

如图 4-11 所示，在各种气候条件下，遮光隔板的效率在南侧最高。为了获得有效的遮阳效果，在东、西两侧可以给垂直遮阳装置增加遮光隔板，或者增加水平百叶。遮光隔板对于北侧的光分布不太有用，但是也不会大幅降低照度，反而可能通过阻隔天空眩光而使观景更加舒适。

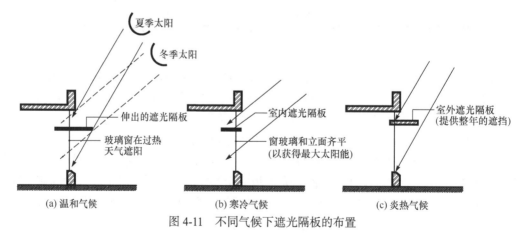

图 4-11 不同气候下遮光隔板的布置

### 4.3.3　阳光收集器的应用

阳光收集器是指与建筑物表面平行的竖向的日光改向装置，为竖向装置，最适合在建筑

物的东、西两侧截取低角度阳光。它们也可用在建筑物北侧采集阳光，这样能够极大地增强
照明。阳光收集器会遮挡低角度阳光，因而可能会阻挡视线，而且反射的日光趋于向下反射，
这将会造成眩光。因此，阳光收集器的作用是将光线变向，照到墙壁上，或者与遮光隔板同
时使用，将光线改变方向射到顶棚上，如图 4-12 所示。

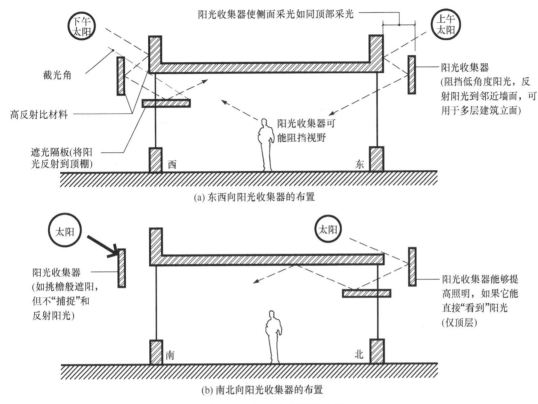

图 4-12　阳光收集器的布置

各式各样活动的小型遮阳装备，包括遮阳帘、百叶窗、网帘和窗帘等，都可以与固定的
遮阳装置和重新定向装置同时使用。这些装备不能改变光线方向，它们只能漫射或阻隔光线。
由于是活动的，它们适用于控制短期内的眩光。进入室内的光线，应努力设法使之深入建筑，
如图 4-13 所示。

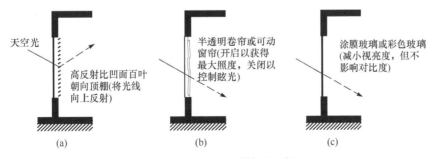

图 4-13　小型遮阳装备的比较

### 4.3.4　侧面采光的室内设计原则

侧面采光的室内设计原则如下。

（1）应采用浅色的墙面，与开窗的墙壁垂直布置，如图 4-14 所示。

（2）考虑采用玻璃墙，私密性要求较高时可以采用玻璃亮子。

（3）在开放式空间采用半高的隔墙，使其对光线的阻隔降到最小，摆放家具时应尽量避免阻挡光线。

（4）大的透明体，如书架或纵深方向的横梁，应当与带窗户的墙壁垂直布置。

（5）将有整层不透明墙体的办公室或会议室安排在建筑物中部，远离带窗户的墙。

（6）显示屏幕也应与带窗户的墙壁方向垂直，或者与玻璃及其他明亮表面呈一定角度的偏离，使光幕反射减到最小。

（7）依据光的分布来合理规划室内各项活动的位置，使要求高的作业更靠近光源，如图 4-15 所示。

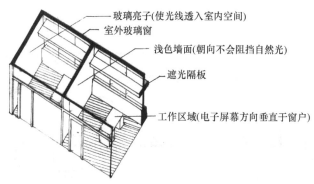

图 4-14　侧面采光的室内设计

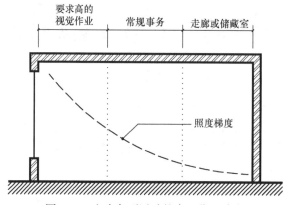

图 4-15　室内各项活动的合理位置确定

## 4.4　顶部采光

顶部采光与侧面采光相比，不易引起眩光，尤其是在低太阳角时。另外，顶部采光的单位窗口面积能比侧面采光提供更多的光线（图 4-16 和图 4-17）。

顶部采光的窗口朝向可以与建筑朝向无关，它可以将光线引入单层空间的深处，保证顶部采光的有效性。举例来说，屋顶上的窗口可以提供的照明水平是同样尺寸的侧面采光窗口的 3 倍。通过将窗口开在所需要的地方，从而可以获得最佳的光分布，如图 4-17 所示。顶部采光不会带来过度的照明，也不会对供暖、通风和空调系统造成负面影响。

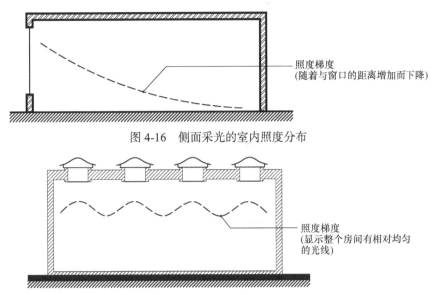

图 4-16　侧面采光的室内照度分布

图 4-17　顶部采光的室内照度分布

　　顶部采光的空间形状、表面反射比以及比例是非常重要的因素。增加顶棚的高度可以改善光分布，减少所需的窗口数量。

　　光线间接使用时效果最佳，就顶部采光而言，竖向构件(如墙壁)是最佳的受光面。利用顶部采光照亮墙面很容易，因此艺术品多用墙面来展示。需要照明的墙面和其他表面应具有高反射比，并且置于视觉作业的可见范围之内。在某些情况下，从顶部采光的光线还可以被向上反射至顶棚，如图 4-18 所示的金贝尔艺术博物馆的顶部采光示意图。

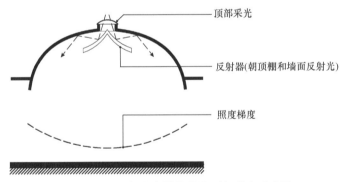

图 4-18　金贝尔艺术博物馆的顶部采光示意图

　　在采光口与其邻近表面之间常常存在巨大的对比度差异，通过增加采光口厚度，将其边缘向外张开，会在其邻近产生明亮的表面，改善光分布，减小对比并增大光源的外观尺寸，这样可以使小的采光口起到大采光口的作用。

　　顶部采光的位置可以不受周边的限制，设计者可以根据需要来调节采光口和散热口的倾斜角度和方位。

　　顶部采光的倾斜角度对采光效果有显著影响，设置适当的倾斜角度，可以使其与季节性照明要求相匹配，相应的得热量可以通过室外遮阳来调节。当太阳角度高时，水平天窗接收到的光和热较大；当太阳角度低时，接收到的光和热较小。水平天窗面对着大部分的天空，因此最适用于全阴天的情况，它们直接面对天空的顶部，而这正是阴天中天空最亮的部分，如图 4-19 所示。

　　为了均衡全年中采集的光和热，应将天窗的窗口朝向春分或秋分时正午太阳的位置。调节天窗朝向的目的是获得最佳的采光量和质量。竖直的天窗受朝向的影响很大，朝东的天窗可接收到早晨的光线，朝西的天窗则可接收到下午的光线，朝南的天窗可接收到的光线最多，而朝北的天窗接收到的光线最少。朝南的天窗在低太阳角时采集到的光线多于高太阳角时，这种光是暖色的、强烈的且易变的。朝北的天窗需要的遮挡最少，这是由于它们采集到的天空光多于日光，这种光是冷色的且极少变化，如图 4-20 和图 4-21 所示，图 4-21 中，$1\text{btu/ft}^2 \approx 0.3786\text{W/cm}^2$。

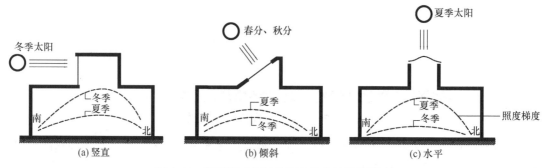

图 4-19　顶部采光倾斜角度对采光效果的影响

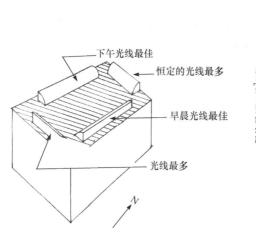

图 4-20　不同朝向天窗的采光特点

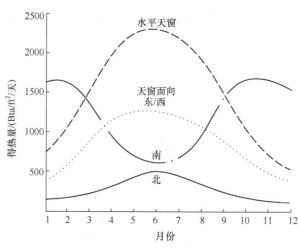

图 4-21　全年不同朝向天窗的得热量

　　水平天窗最适合全阴天空条件，当太阳高度角低时，光线更容易从竖向天窗进入，如图 4-22 所示。

### 4.4.1　顶部采光设计原则

　　顶部采光设计原则如下。

　　(1)将窗口安排在最需要光线的地方。

　　(2)为避免过多的光线进入，应当控制采光面积的总量。

　　(3)优先采用多块位置合理的较小面积的透明窗，如图 4-23 所示。而无论天气如何，大块的、半透明的天窗均会产生类似于昏暗的全阴天空的效果。

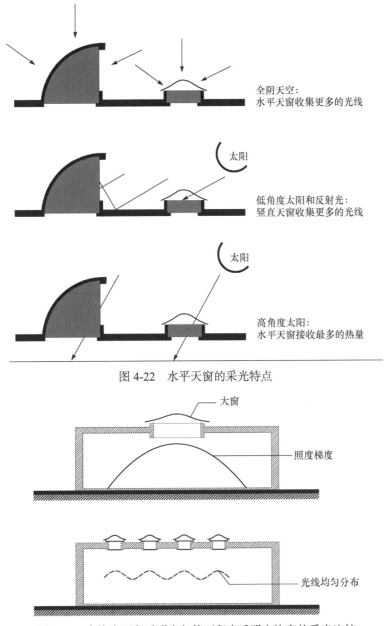

图 4-22 水平天窗的采光特点

图 4-23 多块小面积透明窗与等面积半透明大块窗的采光比较

(4) 不要使用低透射比的半透明玻璃，因为它会造成眩光。而大面积、低透射比的玻璃与小面积的透明玻璃透射的光线一样多。

(5) 将顶棚至窗口部分做成倾斜面可以改善光分布，减小对比。

(6) 采用尽量高的顶棚以获得理想的光分布。

(7) 将窗口设置在可将光线导向墙壁，或导向如同光井这样可以改变光方向的表面的位置，使直射光线远离工作表面，从而达到控制眩光的目的。

(8) 充分利用室外挑檐、百叶和格栅等设施，并且在室内利用深的光井、梁、格栅或反射器来控制直射光线。

### 4.4.2　阳光反射器的应用

　　阳光反射器可以显著改善高侧窗的采光性能。除了朝南的窗口已接受了最大量的光线外，使用竖向反射器可以改善其他朝向窗口的采光持续时间和照明强度。在朝北的窗口处，阳光采集器不但可以增加照明数量，并且可以改善其与朝南窗口之间的平衡度，如图 4-24 所示。

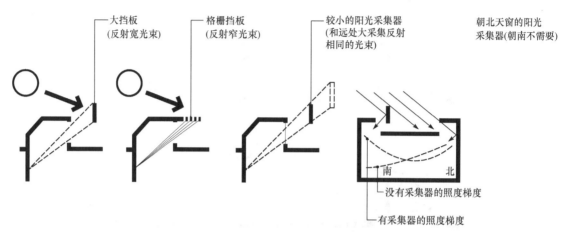

图 4-24　利用阳光反射器改善高侧天窗的采光性能

　　在朝东及朝西的窗口处，阳光采集器可用于全天平衡照明量，如果没有使用阳光采集器，在早晨，一座同时拥有东、西向窗口的建筑，其从东面接受的光线远多于从西面接受的光线。加上阳光采集器之后，全天的照度几乎一致，这种效果可以通过在日光直射面进行遮挡，同时在背阴面改变日光方向来获得，如图 4-25 所示。阳光采集器应当设计成可将室外光源直接反射到室内采光面的方式。

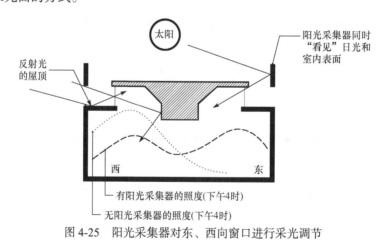

图 4-25　阳光采集器对东、西向窗口进行采光调节

### 4.4.3　中庭采光

　　建筑中的中庭、院子、光井及光庭等不但创造出一种人们共享的中央空间，而且还能将顶部采光和侧面采光的特点结合起来。中庭将顶部采光和侧面采光结合在一起，使得多个水平面可以从多个侧面进行照明。这个共享的中央中间是一个突出的建筑特征，可以体现众多的设计理念。中庭毗邻被照明的空间，并非位于其内部，因而在保温、隔热方面既可以与其

所服务的空间隔开，也能与之相连。中庭可能有植物、喷泉以及声学和规划方面的需要，但仍然要满足毗邻空间的采光要求。

中庭基本有两种类型，第一种是周边式街区建筑或传统的庭院式建筑。另一种类型，中庭周围围绕着众多的房间，如图 4-26 所示，赖特设计的美国布法罗市的 Larkin 行政大楼就是一个很好的例子。

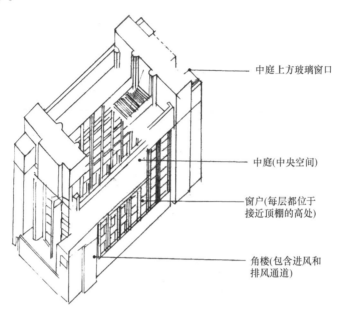

图 4-26　Larkin 行政大楼

中庭的窗口处理由其空间的用途及功能决定。如果中庭不安装窗玻璃，那么就不需要考虑得热，只在镶玻璃的下部考虑遮阳。一个向天空敞开的中庭能使人产生振奋的感觉，即使安装了玻璃也一样。水平天窗型中庭窗口最适于阴天的气候条件，但在炎热的季节里，它会变成过度的热源，而可活动的天窗屋顶可以根据热效情况进行调节。

倾斜的或竖直的天窗窗口在温带气候条件下能使光照需要和得热取得平衡。正如顶部采光一样，中庭高侧窗的设计应当充分利用朝向、遮挡、阳光采集器以及其他类似的控制方法，如图 4-27 所示。

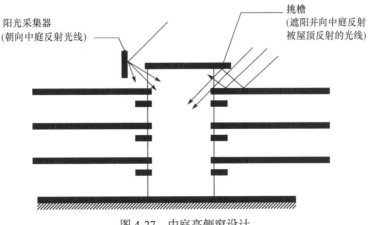

图 4-27　中庭高侧窗设计

# 4.5　天然采光设计原则

天然采光的设计应确定建筑所在地的自然光的可利用特性，确定项目的需求、适合的建筑形式和质量，优先从两侧或多侧、顶部或中庭采光。然后，将采光策略与建筑设计有机结合，尽量使采光设施本身成为建筑的一部分。采取措施合理分布光线，利用有效的布局和高反射比的表面来采光。最后，考虑与人工照明相结合，在天然采光不足时，由人工照明自动机芯补偿，当自然光充足时，人工照明即可关闭。

美国芝加哥市奥黑尔国际机场航站楼的等候区天窗，就创造了一个将自然光、电光源和建筑空间结合起来的舒适、明亮的空间效果，如图 4-28 所示。

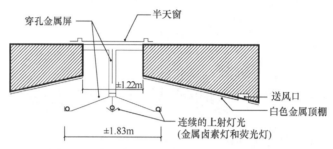

图 4-28　奥黑尔国际机场航站楼的等候区天窗

# 第5章  遮阳与建筑设计

在建筑设计中考虑日照调节最早是由勒·柯布西耶提出的。1922年以后的近半个世纪，由他提出的"百叶遮阳系统"风靡一时，建筑中的"排出太阳热量"方案成为设计立意源泉，在昌迪加尔法院及马赛公寓等著名作品中，遮阳是建筑外观形式密不可分的一部分。

在夏季，阳光透过建筑窗口照射房间，会使室内过热并产生眩光。当室温较高同时又受到窗口阳光的直接照射时，将会使人感到炎热难受，影响工作和学习的正常进行。阳光中的紫外线还会使一些被照射的物品褪色、变质，以致损坏。为了避免上述情况，建筑设计通常都要考虑必要的遮阳措施。通常认为传统的遮阳措施是窗口遮阳，但建筑形体遮阳和表皮遮阳对建筑室内环境的影响也很大，特别是近几年来，能源短缺的现状和绿色建筑的理念赋予了建筑遮阳新的活力。

住宅空调日益普及，夏季空调耗能巨大。炎热的夏季，在通过建筑外窗的热量中，占窗面积80%的玻璃的得热是第一位，是造成室内过热和严重增加空调制冷负荷的主要因素。因此，遮阳是夏季隔热的最有效措施，通过反射和吸收大部分的太阳热能，避免太阳辐射热直接进入室内空间，有利于防止室温升高和波动，达到节能目的(图5-1)。

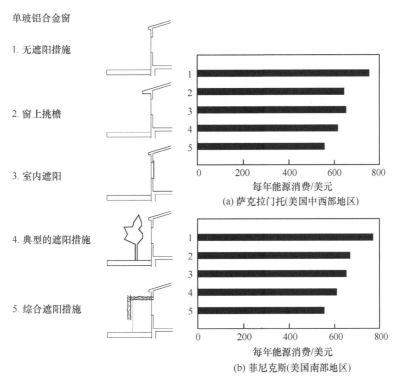

图5-1  采用不同遮阳措施的住宅能源消费比较

# 5.1  可选择的遮阳方式

## 5.1.1  内遮阳

内遮阳安装、使用和维护保养都十分方便，因此应用较为普遍。用户可以自己挑选加工布帘，还有生产商提供的遮阳成品，如百叶帘、卷帘、垂直帘、风琴帘等，可选择的式样很多，而且浅色的窗帘比深色的遮阳效果好些。

但是，内遮阳的隔热效果不如外遮阳。使用内遮阳时，阳光照射到玻璃，并透过玻璃到达遮阳设施，使房间升温。而外遮阳使得大部分阳光只能直射到遮阳设施，来自阳光的辐射热不能直接到达室内空间。因此，用外遮阳可以使室温多降低 10%～20%，减少空调电费。

当然，住宅室内窗帘的实用功能不仅限于遮阳的考虑，还有私密性的需要，即遮挡外来视线。另外，窗帘还是改善室内空间品质的重要设计之一，因此在居住建筑中，室外遮阳不可能完全替代室内窗帘。

## 5.1.2  外遮阳

在夏季，外窗节能设计应该首选外遮阳。使用外遮阳往往不仅是使用者个人的事情，因为它和建筑立面紧密地联系在一起。经常可以看到，夏季炎热地区，一些未经过遮阳设计的公寓住宅中的居住者各自拉起了帆布篷，或安装遮阳板，或是在阳台种植爬藤植物，形形色色的遮阳设施使建筑立面变得杂乱无章。而采用一些不当的遮阳措施时，既达不到有效的隔热效果，还会给居住生活带来不便，这就需要建筑师在建筑设计时结合造型予以充分的考虑。

过去，遮阳设计在建筑上的体现往往只是一片片固定装配在外墙上的或水平或垂直或倾斜的混凝土板或者金属板。随着成套遮阳产品的发展，建筑师和使用者有了更多的选择，遮阳设计得以简化，甚至可以简单到只需要挑选产品，无须再进行复杂的设计工作与细节的施工装配。如今，国内外的遮阳产品品种繁多，同类产品中还有多种式样和颜色供选择。这些遮阳产品大都是可以活动的，其操作间在室内，由手动或电动控制，或者由阳光传感器自动作用。

外遮阳对建筑外观有重要影响，如果要求建筑按某种固定风格设计，外遮阳便无法与建筑形式相调和。这种情况下，应考虑改变建筑的风格。

如果室内需要漫射光线，外部遮阳系统应该是浅色的；如果要最大限度地减少光线和得热，则遮阳应该是深色的。应尽可能使遮阳设施的寿命与建筑相符，一般在室外不采用寿命有限的材料，如织物和塑料等。

早晨的阳光通常不会引起严重的得热问题，因此西面和南面窗户应优先遮阳。如果资金紧张，可以仅在西面和南面做遮阳，并且采用固定遮阳。

遮蔽东、西向窗户的困难在于，太阳在东、西面时，其高度角很低。除此以外，在夏季，西向窗户还会受到外部太阳辐射强烈和环境温度较高的影响，所以这个朝向的窗户应尽量缩小，或者用其他设计方法替代遮阳板。东、西墙面经过凹凸处理，或设计成锯齿状，可以将原本朝向东、西的窗口转化为朝向南、北(图 5-2)。当玻璃窗朝南时，冬季可以接收太阳热能；当玻璃窗朝北时，只能接收间接辐射，这种采光效果也受到了许多人的喜欢。如图 5-3所示，是一种把窗户转为朝南，使其在夏季获得充分遮蔽的一种方法。如图 5-4 所示的开窗方式在达到遮阳目的的同时，还可进行自然通风，这类特殊的开窗方式在立面上都形成了强烈的光影关系和韵律感。

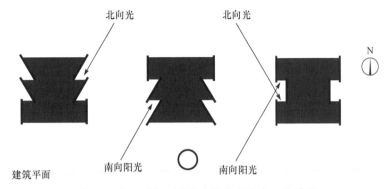

图 5-2　东、西立面的窗户转为朝向南、北采光

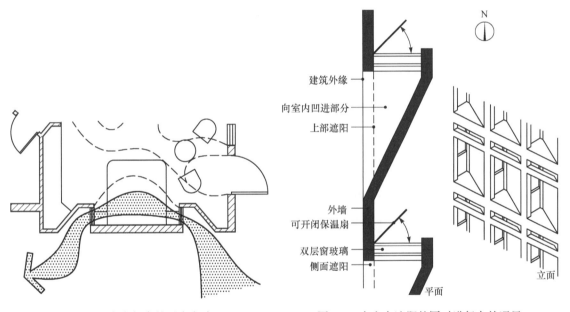

图 5-3　窗户朝南的开窗方式　　　　　图 5-4　窗户在遮阳的同时进行自然通风

通常把外遮阳的基本形式分为四种：水平式、垂直式、综合式和挡板式。每种遮阳都可以演化成百叶的形式，并且有固定式和活动式之分。

1. 水平式遮阳

水平式遮阳能够有效地遮挡高度角较大、从窗口上方投射下来的阳光，故适用于接近南向的窗口，或北回归线以南低纬度地区的北向附近的窗口。水平式遮阳必须与建筑结构相结合，因此仅限于新建建筑。

水平遮阳板的缺点是易受风荷载，在北方地区易积雪。如果窗户高度较大，为减小遮阳板出挑长度，可以使其边缘突出或向下倾斜，以减小出挑长度（图 5-5）。也可以沿窗户高度方向分层设置，如图 5-6 所示，美国的 Sandia 国家实验室南立面上的水平遮阳板起到了遮蔽中庭窗户的作用，并且呈现出具有审美意义的醒目的建筑特征。另外，也可以在出挑方向变成百叶(图 5-7)，呈曲线排列的百叶曲率和尺寸应经过严格计算，以保证直射阳光不会照射到窗户上。水平百叶遮阳的另一优势在于避免了热空气聚集在水平遮阳板下，并且还减小了雪荷载。

水平遮阳板出挑长度 $L$ 与被遮阳的窗口高度 $H$ 的比值 $P$(图 5-8)和当地纬度、遮阳时段有关。

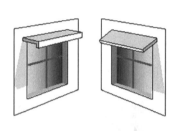

图 5-5　水平遮阳板

图 5-6　Sandia 国家实验室

图 5-7　百叶型水平遮阳板

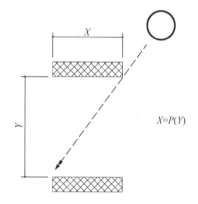

图 5-8　水平遮阳板 $P$ 值计算示意图

### 2. 垂直式遮阳

垂直式遮阳能够有效地遮挡高度角较大、从窗侧斜射过来的阳光。但对于高度角较大、从窗口上方投射下来的阳光，或接近日出、日落时平射来的阳光，无法起到遮挡作用。因此，其主要适用于东北向、北向和西北向附近的窗口。

东西立面上的垂直遮阳板的间距越小，长度越大，进入室内的阳光越少(图 5-9)。北立面上的垂直遮阳板可遮挡夏季早晨和黄昏从东北和西北方向斜射的阳光(图 5-10)。

### 3. 综合式遮阳(格栅式遮阳)

综合式遮阳结合了水平式遮阳和垂直式遮阳的优点，能够有效地遮挡中等高度角、从窗前斜射下来的阳光，遮阳效果比较均匀，故主要适用于东南向或西南向附近的窗口。美国国家可再生能源实验室如图 5-11 所示，高侧窗上的水平式遮阳以及低窗的水平式和垂直式遮阳可最大限度地利用自然采光，并将夏季的太阳得热降到最少。

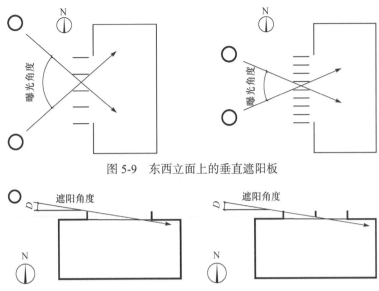

图 5-9　东西立面上的垂直遮阳板

图 5-10　北立面上的垂直遮阳板

### 4. 挡板式遮阳

挡板式遮阳包括百叶、花格等，能够有效地遮挡高度角较小、正射窗口的阳光，主要适用于东、西向附近的窗口。

在设计中往往根据实际情况和艺术构思综合运用，不拘于以上四种类型。勒·柯布西耶设计的印度艾哈迈达巴德棉纺织协会总部如图 5-12 所示，西立面上的格栅式遮阳由水平遮阳板和成一定斜角的垂直遮阳板组合而成，其中水平遮阳板遮挡下午时的阳光，此时太阳高度角较大，而斜置的垂直遮阳板又类似于挡板式遮阳的形式，可以遮挡黄昏前低角度的西晒。

斜置式垂直遮阳板的方位角（图 5-13）与当地纬度和遮阳时段有关。

图 5-11　美国国家可再生能源实验室

图 5-12　印度艾哈迈达巴德棉纺织协会总部

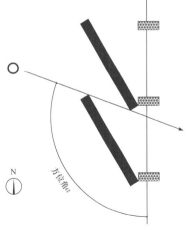

图 5-13　斜置式垂直遮阳板方位角

5. 活动式遮阳

有效的遮阳会对冬季太阳能采暖产生消极影响，活动式遮阳从某种程度上缓解了这种影响，可根据需要进行人工调节，几乎可以遮挡任何角度的直射阳光，太阳传感器自动控制的活动式遮阳装置节能效果更佳，但其初始成本和维护成本都比固定式遮阳要高很多。

活动式遮阳包括活动式水平遮阳板（图 5-14）、活动式垂直遮阳板（图 5-15）、活动式挡板遮阳板，即推拉式遮阳板（图 5-16）等。

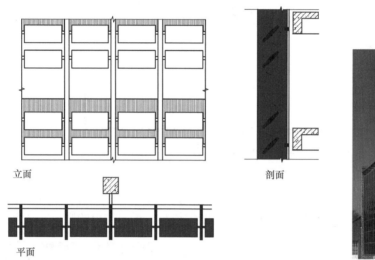

图 5-14　活动式水平遮阳板

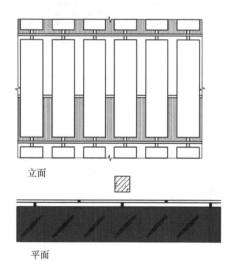
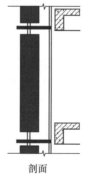

图 5-15　活动式垂直遮阳板

6. 绿化遮阳

除了以上遮阳形式，还可以利用绿化遮阳，植物可以在建筑室外环境中起到调节微气候的作用，在现代建筑中也常常与建筑的立面相结合，这需要在设计方案阶段就将植物的种植和维护问题考虑在内。建筑师 Enrique Browne 和 Borja Huidobro 设计的智利圣地亚哥 Consorcio-Vida 办公楼利用种植架上的藤蔓植物来抵挡强烈的西晒，称为"空中花园"，种植架距离外墙大约 1.5m 远，可阻挡大约 60%的太阳得热(图 5-17)。

图 5-16　推拉式遮阳板(活动式挡板遮阳板)　　　　　图 5-17　绿化遮阳

7. 其他遮阳形式

1)阳台

阳台和水平遮阳板有同样的功效，并且为多层和高层建筑的使用者提供了接触室外自然环境的使用空间(图 5-18)。

图 5-18　阳台遮阳

2)外部卷帘

外部卷帘一般是铝制的，既可以遮阳，也能起到安全防护作用。像室内卷帘一样，它们无方向性，室内采光效果欠佳。

3）网孔材料

网孔材料是用玻璃纤维和塑料等材料编织成的松散织物。多数网孔材料无方向性，通过改变编织的方式也可以获得具有方向性的特征，这类材料主要的优点是造价低。

4）凹窗

凹窗的使用要求是墙壁较厚，从效果上看，就是利用窗户周围的墙壁遮阳，很显然它只适合于新建建筑和较小的窗口（图 5-19）。凹窗不是最合理的控制阳光的设计，通常这样设计是出于建筑风格的考虑，因为作为遮阳措施，其造价太高，并且浪费建筑的使用空间。然而，当气候条件决定了围护结构厚度较大时，凹窗也是可行的。

图 5-19　凹窗遮阳

5）固定百叶

百叶的最佳朝向取决于玻璃的方向，南向百叶应是水平的，北向百叶应是竖直的，在其他朝向，百叶可以是倾斜的。百叶可以如反光板般水平排列，也可以如软百叶帘般垂直排列，或者以任何角度排列。

6）可拆卸遮阳

表 5-1 中列出了一些常用的固定式外遮阳设施的最佳朝向和特点。

表 5-1　常用的固定式外遮阳设施的最佳朝向和特点

| 图示 | 固定式外遮阳设施 | 最佳朝向 | 特点 |
|---|---|---|---|
|  | 水平遮阳板 | 南 | 热空气聚集在遮阳板下；风雪荷载大 |
|  | 水平百叶，水平排列 | 南 | 空气流通自由；风雪荷载小；尺寸小 |

续表

| 图示 | 固定式外遮阳设施 | 最佳朝向 | 特点 |
|---|---|---|---|
| 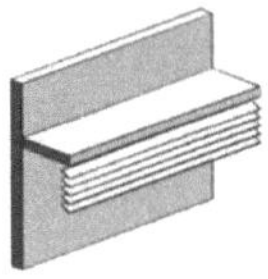 | 水平百叶，竖直排列 | 南、东、西 | 减小了水平遮阳板的出挑长度；遮挡视线 |
| 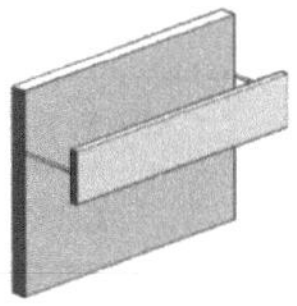 | 竖直挡板 | 南、东、西 | 空气流通自由；无雪荷载；遮挡视线 |
| 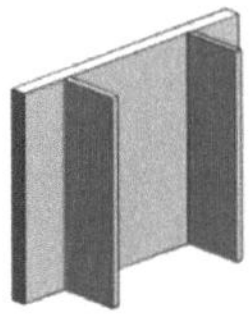 | 垂直遮阳板 | 东、西、北 | 遮挡视线；在北立面使用时只适合炎热地区 |
|  | 斜置式竖直遮阳板 | 东、西 | 向北倾斜；严重遮挡视线 |
| 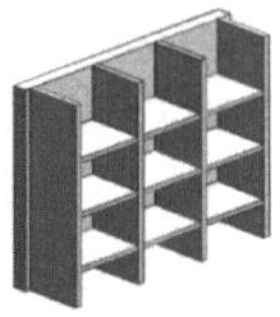 | 格栅式遮阳板 | 东、西 | 适合非常炎热的地区；遮挡视线；热空气聚集 |
| 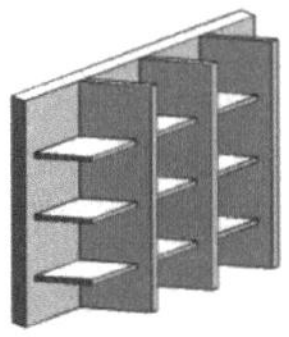 | 带有斜置式竖直遮阳板的格栅式遮阳板 | 东、西 | 向北倾斜；严重遮挡视线；适用于非常炎热的地区；热空气聚集 |

## 5.2　遮阳系数

　　各种遮阳设施遮挡太阳辐射热量的效果一般用遮阳系数表示，是指在照射时间内，透进有遮阳窗口的太阳辐射热量与透进无遮阳窗口的太阳辐射热量的比值。遮阳系数越小，说明透进窗口的太阳辐射热量越少，即防热效果越好。《公共建筑节能设计标准》(GB 50189—2015)中对寒冷地区、夏热冬冷地区、夏热冬暖地区的外遮阳系数做出了明确的规定，如表 5-2 所示。

表 5-2　不同地区的外遮阳系数

| 围护结构部位 | | 外遮阳系数（东向、南向、西向/北向） | | |
| --- | --- | --- | --- | --- |
| | | 寒冷地区 | 夏热冬冷地区 | 夏热冬暖地区 |
| 单一朝向外窗<br>（包括透明幕墙） | 窗墙面积比<0.20 | — | — | — |
| | 0.20<窗墙面积比<0.30 | — | ≤0.55 / — | ≤0.50 / 0.60 |
| | 0.30<窗墙面积比<0.40 | ≤0.70 / — | ≤0.50 / 0.60 | ≤0.45 / 0.55 |
| | 0.40<窗墙面积比<0.50 | ≤0.60 / — | ≤0.45 / 0.55 | ≤0.40 / 0.50 |
| | 0.50<窗墙面积比<0.70 | ≤0.50 / — | ≤0.40 / 0.50 | ≤0.35 / 0.45 |
| 屋顶透明部分 | | ≤0.50 | ≤0.40 | ≤0.35 |

注：有外遮阳时，遮阳系数＝玻璃的遮阳系数×外遮阳的遮阳系数；无外遮阳时，遮阳系数＝玻璃的遮阳系数。

# 5.3　遮阳设计中应综合考虑的因素

## 1. 根据气候地区和朝向选择遮阳方式

在北方地区，夏季的遮阳措施要考虑不能在冬季阻挡对太阳热能的利用，宜采取如竹帘、软百叶、布篷等可拆除的遮阳措施；在过渡地区，夏季的遮阳措施对冬季的影响相对小一些，宜采用活动式遮阳；在南方地区，夏季的遮阳可以不考虑冬季对太阳辐射的遮挡，虽可采取固定式遮阳，但仍以活动式遮阳为佳。

在夏季，Low-E 镀膜适用于外侧玻璃的内表面，在采暖季节，适用于内侧玻璃的内表面。Low-E 玻璃的遮阳系数（shading coefficient, SC）有多种选择，推荐炎热地区的 SC 宜低于 0.30，寒冷地区的 SC 在 0.50 以上。对于过渡地区，要在空调和采暖负荷之间权衡，SC 取 0.30～0.50较为合适。

## 2. 只让"需要的阳光"进来

当太阳能到达窗户时，可见光、热量和紫外线被反射、吸收或者透射进房间。夏季采取遮阳措施时，最理想的效果是在减少热量和紫外线的同时保证室内自然采光。若自然采光好，则只需较少的人工照明，节约能源，且自然采光可见度高，可较容易看清室外景观。

技术的进步可以满足只让"需要的阳光"进来，如采用 Low-E 镀膜和遮阳纱幕等。但某些玻璃着色和镀膜后虽然可以阻挡热量，但也会降低可见度，应谨慎使用。

## 3. 遮阳设计融入建筑设计中

遮阳设计不是一项独立于建筑设计的节能措施，它甚至贯穿了建筑设计的全过程，如从建筑选址、布局到建筑立面的设计，从环境植物配置到结构、暖通设计的配合等。因此，除了节能的技术要求，还需要使遮阳设计与建筑整体设计巧妙配合。另外，在具体的建筑设计中涉及不同朝向的遮阳时，需考虑建筑在此场所中的各立面效果与景观需要等因素。也就是说，所谓的最佳遮阳形式，还应照顾到与基地环境有关的视觉感受，包括凭窗眺望室外景色和在外部观看建筑这两方面的效果。

　　一旦确定了合适的外遮阳措施，无论是垂直鳍状挡板，还是水平百叶或是顶棚的遮阳措施，保证其结构的整体性与构造的便易性是影响成本的两个主要方面。例如，建筑的结构可以同时为遮阳系统提供支撑，以尽量少的构件达到必要的遮阳效果，最好还能兼作其他用途，如挡雨、导风等，以期最大限度地发挥选定材料的性能，使遮阳设计最优化。

　　综上所述，夏季建筑遮阳具有巨大的节能潜力，可以改善室内热环境，调节室内光线分布，防止眩光，减少紫外线的破坏。精心设计的遮阳措施还可以帮助创造室内光环境，同时还可以丰富建筑造型或创造不同的视觉形象。建筑师可以随建筑设计自行设计遮阳设施，也可直接选择遮阳成品，或与其生产商合作设计特制的遮阳产品。随着我国夏热冬冷地区及夏热冬暖地区居住建筑节能标准的实施，建筑节能受到了越来越多的重视，建筑遮阳的应用将更加广泛。

# 第6章 太阳能利用与建筑设计

太阳能是取之不尽，用之不竭的天然能源，我国太阳能资源较为丰富，全国陆地总面积 2/3 以上地区年日照时数大于 2000h,每平方米的辐射能为 3340～8360MJ,相当于 110～280kg 标准煤产生的热量，全国陆地总面积每年接受的太阳辐射能约等于 2.4 万亿吨标准煤产生的热量。如果将这些太阳能有效利用，对于减少二氧化碳排放、保护生态环境、保证经济发展过程中能源的持续稳定供应都将产生重大而深远的意义。

太阳能的利用形式可以分为被动式和主动式，其中被动式的工作机理主要是"温室效应"，完全通过建筑朝向和周围环境的合理布置、内部空间和外部形体的巧妙处理，以及材料和结构的恰当选择来集取、储存、分配太阳热能，是完全依赖于建筑师的设计来利用太阳能的设计方法，也是本书重点介绍的方法。

被动式太阳能建筑设计即把建筑的空间、功能、构件、立面等作为一个整体来进行设计，要求充分了解建筑各组成部分之间的关系，如建筑南向窗面积与蓄热体体积之间的平衡关系等。同时，还要对各种建筑设计手法与建筑材料在整个建筑中起到的积极和消极作用有一个清晰的认识。新技术、新方法的应用要充分考虑到对建筑整体性能可能造成的影响，例如，在采暖季节，天窗可以争取到更多的太阳辐射热进入室内，对被动式太阳能建筑采暖系统的运行非常有利；然而在非采暖季节(如夏季)，天窗同样会使过多的太阳辐射进入室内，造成室内过热，对被动式降温系统的运行产生不利影响。在冬季，天窗还可能在夜间造成过多的热量损失，降低建筑的整体性能，建筑师不得不放弃对天窗等设计元素的应用。

太阳能一体化设计应从各种各样的建筑设计实例中吸取经验，举例来说，南向窗不仅可以将太阳辐射热引入室内，同时也能在白天提供天然采光，减少了对人工照明的需求。除此之外，南向窗能为用户提供开阔的视野，美化建筑立面，提高居住者的生活品质。

被动式太阳能建筑设计成功的关键是在建筑设计中，对一系列设计手法和建筑构件进行优化组合，从而使建筑冬暖夏凉，并提供天然采光和新鲜空气，同时降低建筑能耗。

## 6.1 被动式太阳能建筑设计要点

### 6.1.1 合理的选址

被动式太阳能建筑采暖需要足够的阳光，在采暖季节(日照理想)，每天能够获得 4～6h 的有效日照(完全无遮挡)。在寒冷地区，采暖季通常为深秋、冬季和早春。在温和地区，采暖季较短，可能只持续一个月左右。

进行被动式太阳能建筑设计时，首先要考虑当地的太阳辐射量。一般来说，太阳辐射量越大，被动式太阳能建筑的采暖效果越好。

传统观念认为，被动式太阳能建筑采暖仅限于日照充足地区，事实并非如此，被动式太阳能建筑采暖甚至可以在复杂的气候条件下进行。通过精心设计，建筑师完全能够设计出太阳能采暖保证率超过 50%的建筑。因此，在进行被动式太阳能设计之前，需要对当地的太阳辐射量和太阳辐射随季节的变化情况进行详尽了解。

### 1. 日出、日落：太阳方位角

了解太阳辐射量和太阳辐射随季节的变化规律是非常重要的，但是如何确定基地是否适合被动式太阳能采暖呢？首先必须掌握太阳在每年不同时期的运行轨迹，包括太阳从何处升起、从何处落下以及每个季节里太阳在天空中的运行轨迹。

在一天中，太阳方位角随着太阳在天空中的运动而变化。掌握太阳方位角的概念可以帮助建筑师正确选择最佳的方位和朝向。例如，当前的选址被一片树林遮挡了上午 10 点到 12 点的阳光，由于这是太阳能采暖的主要时段，我们需要对选址进行调整，如果遮挡时间为下午 4 点以后，就能够取得较好的太阳能采暖效果。

为了确定基地的太阳方位角，需要知道当地的纬度，找到基地所在的位置，然后查询该区域的太阳方位角。

### 2. 太阳高度角

确定了所在地点太阳方位角的变化范围之后，需要进一步确定太阳高度角的变化规律以确定选址，避免不利遮挡。太阳高度角的变化规律对建筑设计也有较大影响，如挑檐长度的确定、蓄热体的布置等。

和方位角一样，高度角也是随时间不断变化的。冬至日，太阳的运行轨迹最低，低角度的阳光透过南向的窗户射入室内，转变为热量(图 6-1)。6 个月以后，6 月 22 日是夏至日，太阳运行轨迹最高，屋顶的辐射量最大，南立面辐射量较小，仅获得很少的日照。一年内白昼最短的一天是 12 月 22 日，最长的一天是 6 月 22 日，春分和秋分时昼夜平分。在昼夜平分点上，太阳在一个中间的位置，能够提供太阳能。

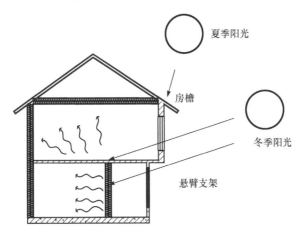

图 6-1　不同太阳高度角对室内温度的影响

### 3. 最大限度获得日照的途径

为了最大限度获得日照，必须仔细选择基地，基地最好是开敞的，避免周围植被的过度遮挡。在建筑周围种植落叶树，夏季可以为建筑遮阴，有利于被动式降温。建筑周围树木的位置和种类需精心选择，首先需要考虑位置：东、西、北三个方向的树木不但不会影响日照，而且还可以阻挡冬季冷风渗透；由于南向的落叶树在冬季没有树叶，也不会对日照产生遮挡。不同落叶树的落叶期有所不同，如橡树，在整个秋冬季节都挂着枯叶，这样就减少了采暖季的日照得热。有些落叶树甚至比橡树保留枯叶的时间更长，能把冬季的阳光完全遮挡。一般来说，应对被动式太阳能建筑南侧的树木进行一定的修剪，确保在采暖季能够获得充足的阳光。

建筑南侧的常绿树对日照的影响更大（图 6-2），如果距离建筑太近，冬季能完全遮挡低角度的阳光。根据研究，常绿树与建筑南墙的距离应大于 3 倍的树高，这样即使在冬至日也不会对建筑造成遮挡。

图 6-2　常绿树对建筑的遮挡

高地势或其他建筑物也能够阻挡日照。在南向 60°范围内（上午 9 点到下午 3 点）不应出现任何潜在遮挡，建筑物应获得良好的日照。如果是 45°范围内（上午 10 点到下午 2 点）没有潜在遮挡，建筑物也可以获得比较好的日照（图 6-3）。

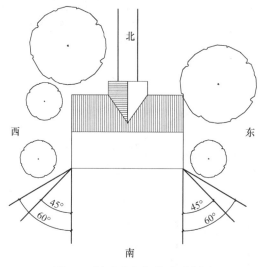

图 6-3　被动式太阳能采暖范围

栅栏和建筑物也会遮挡太阳辐射，栅栏和建筑物对太阳能建筑的遮挡间距随纬度变化而变化，纬度越高，遮挡间距越大。

4. 基地风环境的影响和地形选择

在分析基地太阳运行轨迹的同时，也应考虑和风环境的整合设计。在寒冷地区，要避免冬季冷风造成的热量损失。首先，要确定当地的主导风向，一般来说，基地周围的风向与主导风向是一致的，但也会受到季节和地形等因素的影响。

在南向坡地上建造被动式太阳能建筑可以提高太阳能采暖的效果，因为南向坡地可以接收更多的太阳辐射，相对比较暖和，而且有利于抵御北向冷风对建筑的侵袭，为太阳能建筑提供更好的微气候环境。

### 6.1.2 正确的朝向

太阳能建筑需要设置合理的朝向以争取最大限度的日照，从而获得最佳的运行效果。在北半球，最佳的朝向范围是正南方向±10°以内（图 6-4），南向大面积的开窗可以使建筑物在冬季可以获得充足的阳光，为其提供热量。

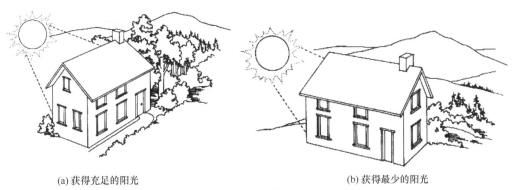

(a) 获得充足的阳光                          (b) 获得最少的阳光

图 6-4 朝向选择对太阳能获得的影响

#### 1. 冬季尽量增加得热，夏季尽量减少得热

太阳能建筑不一定都能建造在南偏东或偏西 10°的范围内，建筑的布局应综合考虑到与街区的关系，可能设计出其他的排列方式。虽然建筑布局偏离南向 10°以外时在采暖期的得热会有所减少，但只要偏离的角度不大，太阳辐射热的减少量并不明显，如图 6-5 所示，位

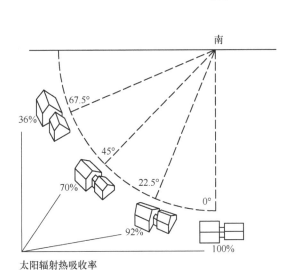

图 6-5 被动式太阳能建筑的理想朝向

于正南方向的房屋可以吸收 100%的太阳辐射热；在南偏东、偏西 22.5°的房屋，对太阳辐射热的吸收有所下降，吸收率减小为 92%；然而当偏离角度为 45°时，房屋对太阳辐射热的吸收率就会下降为 70%，偏离角度进一步增大为 67.5°时，吸收率减小为 36%。

在冬季，即使建筑朝向偏离南向 10°以外，太阳得热也不会下降太多，而在夏季却会导致太阳得热过多，这种现象在被动式太阳能设计时应充分考虑，尤其在夏热冬暖地区或当建筑朝向偏离角度过大时，很有可能会造成夏季室内过热的现象。因为在夏季，建筑的东、西墙受到很长时间的太阳直射，东晒、西晒及窗户得热会导致室内温度过高。

实践证明，在寒冷地区，若想取得良好的采暖效果，建筑的布局应该设计为南北朝向，在温和地区，建筑的朝向对冬季采暖的影响不大，如果处理不当会增加夏季的空调制冷费用。由于夏季西晒严重，东南朝向的建筑优于西南朝向。

只要把握好被动式设计的主要因素，即使朝向不利，采用简单的技术措施也能获得良好的效果。例如，如果一个建筑的主视野是东向的话，那么这个房屋的长轴方向可以设计为正南方向来获取太阳辐射热，而在卧室或者起居室等需要有良好视野的房间只要有足够面积的窗户就可以了。房屋可以设计成 L 形，L 形的短边直接朝向街景，L 形的长边朝南，以最大限度地获取太阳辐射热(图 6-6)。当建筑的布局受到街区的制约时，往往不利于太阳能得热，被动式太阳能采暖系统可以与建筑结合起来作为建筑的一部分(图 6-7)。

图 6-6　L 形太阳能建筑的布局

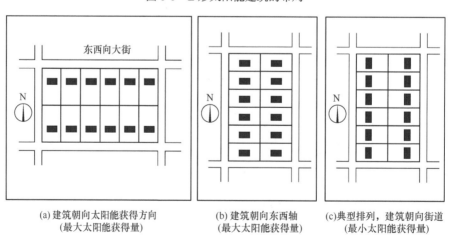

(a) 建筑朝向太阳能获得方向　　(b) 建筑朝向东西轴　　(c)典型排列，建筑朝向街道
(最大太阳能获得量)　　　　(最大太阳能获得量)　　　(最小太阳能获得量)

图 6-7　被动式太阳能建筑与街区的关系

2. 矩形半面布置

如前所述，朝南的建筑意味着其长轴为东西向，这样可以获得最大面积的南向外墙和南

向窗。通常，在被动式太阳房的设计中，矩形平面的布局对太阳能得热是最有利的，最佳长宽比为1∶1.3～1∶1.5，如果朝向合理，可以从南向窗获得最多的太阳辐射热。

在夏季，矩形平面布局还可以减少东晒和西晒，在炎热地区这是非常重要的，因为东西向窗户在夏季会吸收大量的太阳辐射热，导致室内过热。在这样的建筑中，被动式降温的效果明显降低，为了提高舒适程度，就需要安装高效的制冷系统。

为了获得良好的视野或因其他原因需要在建筑的西侧开窗时，就需要对西向窗进行遮阳设计，可种植落叶树木、种植爬藤形成遮阴或者设置遮阳篷。但是，这些遮阳措施也会产生一些不利的影响，从而无法达到预期的视觉效果，这时可采用特种玻璃和低辐射的玻璃镀膜。

在较寒冷的地区，东西向窗户得热的影响并不是很严重，在设计前应该对当地的气候状况进行详细深入的分析。

### 6.1.3　开窗原则

#### 1. 南向开窗

在被动式太阳能建筑中，南向的玻璃门窗是集热构件。在北半球，为了得到最佳的集热效果，门窗都必须设置在南向。如前所述，在采暖期，南向窗就会自动集热并提升室内温度。在冬至日，太阳处在最低点，太阳光照射进室内的深度超过12m。随着太阳高度角的不断升高，进入室内的阳光越来越少，所以随着气温的逐渐升高，太阳辐射在室内产生的热量就会越来越少。

在被动式太阳能建筑的设计中，南向屋面上的天窗也可以当作集热构件。虽然天窗可以提高自然采光量，但同时也会带来冬季热损失过大和夏季过热等问题。

被动式太阳能建筑要求有一定数量的集热、采光窗（或天窗），并且应该根据墙体面积来确定其数量。如前所述，在冬季，为了使被动式太阳能建筑达到最佳的集热效果，要包含一定数量的集热玻璃，但也不能过多，其数量要根据建筑物中蓄热体的体积决定。

#### 2. 东、西、北三个方向尽量少开窗

被动式设计要合理设置非集热窗（安装在东、西、北墙面上的窗户），在东、西墙过量开窗会使夏季室内过热。

冬季，北向窗过多会导致热损失增大，在被动式太阳能建筑设计中，窗户的设计应当根据当地的具体情况确定。

未遵循窗户的安装规范而导致的冷热负荷过大的问题，可以通过安装特殊窗户得以缓解。一些特殊窗户可以减少窗玻璃之间的热量流动，还有一些可以减少太阳辐射热，可以通过安装 Low-E 玻璃来解决窗户传热过程中产生的问题。

### 6.1.4　遮阳整合设计

对于被动式太阳能建筑来说，采暖季节的阳光是非常有益的。在初秋和早春时节，虽然太阳辐射较弱，人们对热量的需求也不是很高，但是过多的太阳光通过南向窗射入室内，会导致白天的室温过高，这种状况可以通过设置遮阳设施加以缓解。

遮阳板或挑檐是建筑的构件，它们决定了太阳光射入集热窗的起止时间，也就是说，这

些构件决定了室内获取太阳辐射的起止时间(图 6-8)，所以遮阳对建筑物的采暖和制冷是很重要的。

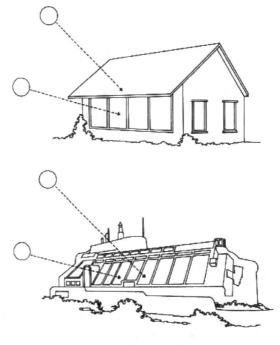

图 6-8　遮阳板对太阳辐射的调节作用

　　遮阳板的作用是防止太阳直射过量，在夏季，通过为窗和墙遮阴可以保持室内凉爽。此外，遮阳板能保护外墙面免受雨水冲刷，这对用稻草或土坯砌筑的建筑特别重要。

　　遮阳板通常是一种折中方案，例如，在寒冷的气候区，春季往往比较冷，秋季则比较温暖，因此被动式太阳能建筑在春天需要更多的阳光集热来维持室内的舒适度。因为太阳高度角在一年中有两次是一样的，若遮阳板过长，会在春季遮挡过多的阳光，影响室内采暖；若遮阳板过短，又会在秋季使室内进入过多的阳光，导致室内过热。因此，在建筑设计过程中往往采取折中的方案来设计遮阳板尺寸，在春季应该确保室内获得更多的太阳辐射热；在秋季，同样会有更多的太阳光进入室内，此时可以通过窗帘等设施将多余的阳光遮挡。如果在这样的区域里建造房屋，可以使用固定遮阳板和活动的遮阳帘来满足春季的得热和秋季的遮阴。在炎热气候区，春秋两季比较温暖，遮阳板的作用仅仅是满足夏季遮阳，在这种情况下，设计就变得比较简单。

　　南墙上的遮阳板可以调节房间的太阳能得热量，而在东西向窗户上的水平遮阳板一般都不具有这种调节作用。这是因为在早晨和傍晚，太阳高度较低，遮阳板对于照射在窗户和墙面上的太阳光基本不起作用，所以固定在东西墙面上的遮阳板除了可以保护墙面免受雨水冲刷外无其他作用。

　　因此，在炎热的夏季，往往需要采用其他遮阳措施来减少太阳得热。绿化可以有效遮挡低角度的太阳光，房屋东西侧的植被可以阻挡早晚的太阳光，还可以减少从窗口照射进入室内的太阳光，避免夏季过热。此外，房屋周边的爬藤植物也可以为东西向的墙面和窗户提供有效的遮阴。

　　窗户外侧的遮挡构件也能有效地阻止太阳辐射热，如帆布遮阳篷、百叶窗和垂直的遮阳板都可以阻止阳光进入室内，这些遮阳方法都优于窗户内遮阳(图 6-9)。

　　尽管这种遮阳措施的效果明显，但会增加建筑造价，并且构件还需要定期的维护保养。因此，在设计之初就应该确定合理的窗户尺寸和位置，从而避免设置过大面积的玻璃窗引起室内过热。

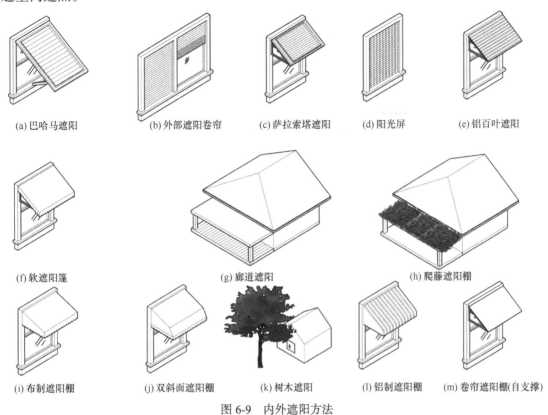

(a) 巴哈马遮阳　　(b) 外部遮阳卷帘　　(c) 萨拉索塔遮阳　　(d) 阳光屏　　(e) 铝百叶遮阳

(f) 软遮阳篷　　(g) 廊道遮阳　　(h) 爬藤遮阳棚

(i) 布制遮阳棚　　(j) 双斜面遮阳棚　　(k) 树木遮阳　　(l) 铝制遮阳棚　　(m) 卷帘遮阳棚(自支撑)

图 6-9　内外遮阳方法

## 6.2　被动式太阳房的主要形式

　　真正的被动式太阳能设计需要增加建筑南向的开窗数量和尺寸，减少北向、东向和西向的窗户数量。有些气候区需要考虑布置更多的蓄热体，以防止室内过热并保持更长时间的热舒适性(图 6-10)，这些措施可以增加建筑的总得热量，一般能达到全年需求的 50%～80%，甚至更多(取决于当地气候、日照/建筑设计和构造)。

　　以下集中讲解被动式太阳能设计的几种方式，主要是直接受益式太阳房、间接受益式太阳房(蓄热墙式)和附加阳光间。

### 6.2.1　直接受益式太阳房

　　直接受益式是被动式太阳能采暖设计中应用最广泛的形式，在温和气候条件下，利用南窗引入高度角低的太阳光，太阳光被室内表面吸收然后转化成热量，进而提高室内温度，较为简单。

图 6-10　直接受益式被动式太阳能建筑

**1. 直接受益窗**

在直接受益式被动式太阳能建筑中，直接受益窗的面积应该占到总建筑面积的 7%～12%。在有效利用气候条件和太阳能的基础上，满足这个标准的直接受益窗可以提供 50%～80%的年均热量需求。

直接受益窗有很多设计方式，最常见的是利用建筑南向墙面上的垂直窗户使阳光直射，南向天窗也可以获取阳光。

1）南向垂直窗与倾斜窗的对比

南向窗可能是倾斜的(窗户有一定角度或墙面倾斜)或垂直的(图 6-11)，在大多数的被动式太阳能设计中，垂直窗可以获得足够的太阳光，这也是设计师的首选。但是倾斜窗比垂直窗更具优势：倾斜窗在冬季太阳高度角较低时可以吸收更多的太阳能，阳光几乎垂直照射在窗户上，此时反射量最小而太阳吸收量最大，可获取更多的太阳能。另外，倾斜窗不易被建筑上的突出物遮挡，在其他季节也可以保障建筑获取更多的太阳光，因此更适用于寒冷地区，常年的太阳照射也有利于植物生长。

(a) 垂直窗

(b) 倾斜窗

图 6-11　南向窗设置

虽然倾斜窗有很多优点，如在冬季增加太阳得热量，使室内阳光充足，以及利于植物的生长等，但缺点也很明显。在其他季节(春、夏、秋)，倾斜窗会使太阳能得热量增加，导致室内过热，把太阳能建筑变成一个"火炉"，这并不是原来人们所期待的！此外，温度变化导致玻璃和窗框热胀冷缩，进而破坏了窗户的密闭性，必然会导致水和空气的泄露，这是很严重的问题，因为气密性不佳会损害建筑的舒适性。此外，倾斜窗比垂直窗更难设置遮蔽措施。

2) 竖向天窗

设计人员常采用天窗，使阳光照射到建筑的更深处，甚至达到北面的墙体，如图 6-12 所示，竖向天窗使阳光照射到房间的更深处，直达建筑最内部的蓄热体，同时提高了自然采光效率。但是，如果竖向天窗没有保温措施，夜间将会通过竖向天窗散失大量热量。在一些建筑中，竖向天窗还设计成锯齿形，如图 6-13 所示，这种设计进一步提高了太阳得热量和自然采光效率。

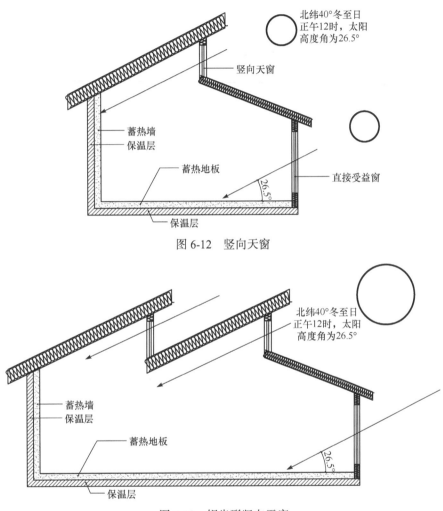

图 6-12　竖向天窗

图 6-13　锯齿形竖向天窗

竖向天窗需要设置在蓄热墙外侧，通常与墙体的距离为墙高的 1～1.5 倍，使蓄热墙获得尽可能多的热量。例如，假设北墙为 6m 高的蓄热墙(外保温)，竖向天窗需要设置在离此墙 6～9m 的外侧(南面)。

竖向天窗除了可以使阳光深入照射外，还可以减少眩光，提高私密性等，这正是普通南向窗解决不了的问题。当普通南向窗被树木、邻近建筑或其他建筑物遮挡时，竖向天窗的作用会更加显著。

尽管竖向天窗有很多优势，但仍需谨慎考虑，否则它会变成主要的热损失部位。竖向天窗可以利用保温卷帘来避免热损失，但实际上并不现实，因为竖向天窗通常离地面有 7～

9m，卷帘无法达到此高度。因此，在夜间和阴雨天，竖向天窗处于无遮挡的状态，会造成大量热量损失。

竖向天窗可以和拱形屋顶结合设计，随之增加的空间必须采暖，所以竖向天窗不太适合非常寒冷的气候区，若必须采用竖向天窗，则要安装最节能的窗户，同时也应该考虑为窗户设置电动卷帘，以达到晚间保温的目的。

3）水平天窗

水平天窗不仅可以应用在被动式太阳能建筑中，还广泛应用于其他类型的建筑中，但是水平天窗会带来一些问题，如夏季阳光的大量入射导致室内过热等。设置卷帘可以防止夏季室内过热并减少冬季的热损失，但会增加天窗的成本，而且操作起来也有些困难。天窗还极有可能渗漏，进而破坏屋面材料、保温层及顶棚等。

2. 非直接受益窗

高性能的直接受益式被动式太阳能建筑还要考虑非直接受益窗，即阴面的窗户。对于大部分气候区的直接受益式被动式太阳能建筑，应尽可能减小北向和东向的窗户面积，每个朝向的窗地比尽量控制在 4%以下，西向窗地比不应超过 2%，但这个比例很容易受到窗户视野和安全等因素的影响而改变，例如，为达到防盗目的而设置成能看到整个院落的大开窗或扩大开窗以备火灾逃生等。然而，改变窗地比常常会产生负面影响，最常见的就是夏季室内过热。

当地气候条件对窗户布置是至关重要的，例如，在寒冷地区，夏季过热问题不如温和地区严重，因此西向窗地比稍高于建议值时也不会产生什么负面影响，而且也可以利用遮阳板/节能玻璃以及其他措施弥补。

温带地区冷负荷较大，如果同等设置北向窗和南向窗，会增加负荷。在这些地区，应该减小南向窗地比来降低太阳得热量，同时增加北向窗地比来进行散热。如果设计得当，夏季完全可以营造出凉爽的室内环境。

在被动式太阳能建筑设计中，部分直接受益窗应该设置成可开启式，以利于自然通风。将北向窗、东向窗和南向窗设置成开启式则有利于形成穿堂风。

在双层太阳能建筑中，可以利用热压作用使热空气上升，结合首层和二层的可开启式窗，促进建筑通风。在夏季，热量从上部窗户散失，同时凉爽空气从建筑北向或东向的窗户进入，使室内环境凉爽舒适。但是可开启式窗比不可开启式窗的渗漏概率和造价都要高，少量的可开启式窗就能带来足够的通风，所以不宜设置过多。

3. 保温和蓄热

良好的保温是直接得热式系统成功的先决条件，包括墙体、地板、顶棚、基础保温以及能够保温的节能窗等。

蓄热体也是直接得热式系统中非常重要的因素，增加的窗地比超过限制的 7%时就要附加蓄热体来吸收所增加的太阳能得热量。蓄热体能够防止过热并储存热量，当室内温度低于蓄热体表面温度时，蓄热体就开始放热，所以蓄热体能够提供更多热量并保持更好的热稳定性。

在直接受益式被动式太阳能建筑中，只有将蓄热体设置在恰当位置才能充分发挥作用，通常蓄热体可以均匀地分布在房间内，均匀设置要比集中设置好得多，且受太阳光直晒到的蓄热体越多越好。另外，应尽量使光线照射到房间的深处，例如，安装天窗可将阳光投射到房间更深处。

与采用深色的蓄热体相比，许多建筑师更倾向采用易于反射和吸收的蓄热体(图 6-14)。换言之，在房间的前表面采用较浅颜色的蓄热体，在后表面则采用较深颜色的蓄热体。位于窗户附近的浅色蓄热体将阳光转化成热量，它还会将相当一部分的阳光反射到建筑物内部，这样，这部分阳光便可以被房间内部的深色蓄热体吸收并转化为热量。通过把阳光反射到房间内部，使住户处于由墙体热辐射围合的空间中。

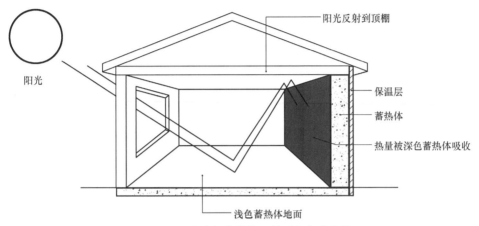

图 6-14　日光从浅色蓄热体反射到深色蓄热体上

通常，蓄热体和保温材料与建筑构件有很大不同，不过有些建筑材料和墙体系统同时具备蓄热和保温的功能。

## 6.2.2　间接受益式太阳房

间接受益式太阳房是使用最广泛的被动式太阳能采暖方式之一，适用于各种气候区，蓄热墙(特朗伯墙)就是典型的间接受益式太阳能采暖方式。蓄热墙设置于建筑南向(图 6-15)，玻璃位于蓄热墙外 8～15cm 处，蓄热墙是由浇筑混凝土、混凝土砌块、夯土或其他密实砖石材料制作而成的。

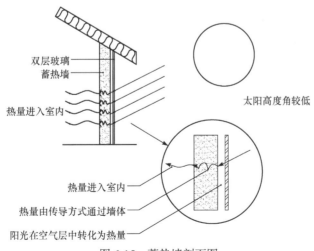

图 6-15　蓄热墙剖面图

冬季，低角度阳光透过玻璃照射到蓄热墙的黑色表面，蓄热墙表面的传热途径主要有以下两种：大部分的热量被蓄热墙吸收，这部分热量逐渐从高温区域向低温区域传递；另一部分热量通过玻璃和蓄热墙体之间的间层向空气中传递。

冬季，当太阳升起时，要求大多数蓄热墙储存的热量能够传递或延迟传递到墙体内表面。因此，在采暖季节，热量传递到墙体内表面，随后墙体开始向室内持续传递热量，提高室内热舒适度，直至夜晚。

延迟是指从太阳加热蓄热墙到热量开始向室内传递的过程，持续时间长短取决于蓄热墙的厚度和密度。蓄热墙的厚度不一，一般为 15～60cm。在住宅中，蓄热墙的厚度取决于墙体材料和蓄热能力，墙体越厚，传到室内的热量时间就越长。此外，墙体越厚，室内墙体表面温度的每日变化量就越小。

水也可作为蓄热材料，水比石材的比热容更高，也就是说每立方米的水能储存更多的热量，但是其散热速度也比较快。

特朗伯墙还包括通风口，用以抽取室外热量或玻璃与蓄热墙之间的热量，直接提供热量或提供白天太阳得热。如图 6-16 所示，室内冷空气通过墙体下部的小孔进入阳光照热的特朗伯墙的空气间层，并在空气上升的过程中继续被加热，产生对流，空气从墙体上部的小孔回到室内，进入室内的空气温度大约为 32℃，同时推动室内冷空气从下部小孔中进入墙体。

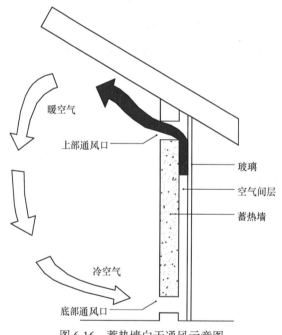

暖空气

上部通风口

玻璃

空气间层

蓄热墙

冷空气

底部通风口

图 6-16　蓄热墙白天通风示意图

在蓄热墙体顶部安装紧密的小孔是一个明智的选择，可以阻止夜间热量流失。夜间热量流失是由于产生了相反的虹吸作用，从室外吸收热空气，当对流加热室内空气时，反对流作用开始运行，如图 6-17 所示，热空气通过上部的小孔进入室内。在空气间层里，暖空气冷却下沉，通过上部的通风口吸收暖空气，通过下部的通风口排除冷空气。

在冬季，特别是在寒冷气候区，应采取保护措施防止蓄热墙体热量流失。

### 6.2.3　附加阳光间

附加阳光间适合于各种气候区，是一个设置在房屋南部直接获取太阳辐射热的区域。附

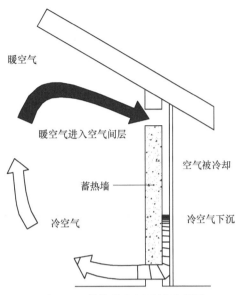

图 6-17　蓄热墙夜间通风示意图

加阳光间既可单独使用，又可以与直接受益式和间接受益式太阳能系统联合使用。附加阳光间在提供采暖的同时还可提供部分生活空间，又称为太阳房。

在附加阳光间中，阳光穿透南向和屋面的玻璃后转换为热量，被室内表面吸收，一部分热量用来加热阳光间，另一部分热量传递到室内，因此很难达到热量平衡。

1. 附加阳光间的形式选择

附加阳光间有两种形式：一种是凸出式，即凸出于建筑的南立面；另一种是凹入式，即与南向墙体齐平，如图 6-18 所示，前者有三面外墙，后者则仅有一面外墙。

图 6-18　凸出式附加阳光间和凹入式附加阳光间

这两种形式中，最常采用的是凸出式附加阳光间，虽然这种形式比较常见而且更适用于旧建筑改造，但其外墙面积过大，夜间热损失较大。另外，将热量从凸出式附加阳光间转移到室内比凹入式附加阳光间更困难，因此也更容易产生过热现象。

地上附加阳光间需要良好的围护结构来保温隔热，防止热量损失。由于周围地表土壤的温度波动很小，地下附加阳光间的热稳定性良好，在寒冷的天气里，是半地下附加阳光间的设计，从土壤中获得的热量甚至比太阳能还多(图 6-19)。

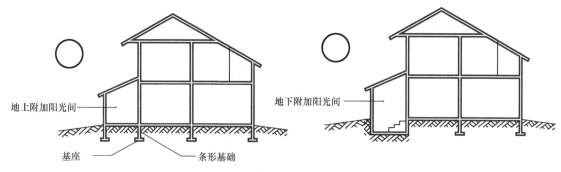

图 6-19　地上附加阳光间和地下附加阳光间

　　附加阳光间可以是全玻璃的(图 6-20)，也就是说屋顶和墙面都可采用玻璃，还可设计成只有南向设置玻璃的形式(图 6-21)。通常情况下，玻璃越多，室内温度波动越大，舒适度就越差。此外，全玻璃的附加阳光间还有较严重的眩光问题。

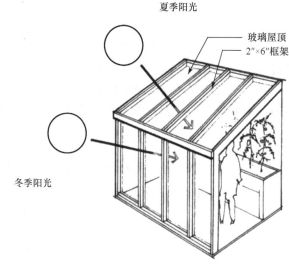

图 6-20　全玻璃附加阳光间

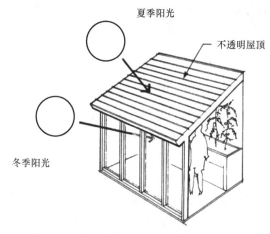

图 6-21　仅南向设置玻璃的附加阳光间

虽然采用挑檐和厚重的屋顶可以减小进入房间的太阳辐射量，但这样的设计有助于储存热量，因此这种形式比全玻璃的附加阳光间综合效率更高。

附加阳光间可以与室内生活空间相连，也可以通过隔墙隔开（图 6-22）。换句话说，附加阳光间既可以是生活空间的延伸，又可以是一个相对独立的空间，前者称为开敞式设计，后者称为隔墙式设计。

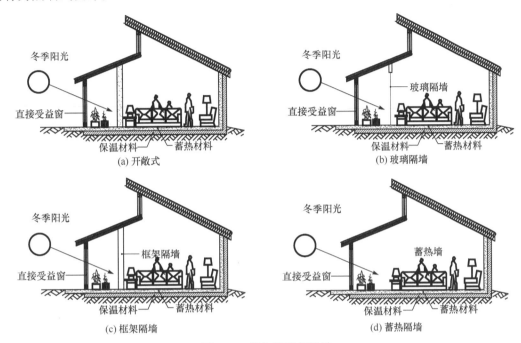

图 6-22　附加阳光间设计

1）开敞式设计

在开敞式设计中，附加的阳光间直接与相邻的房间连接。因此，附加阳光间被认为是生活空间的延伸[图 6-22（a）]，晴朗天气时，附加阳光间为整个大空间提供采暖；阴雨天气时，又需要辅助热源对附加阳光间进行补热。夏季，附加阳光间往往会过热，加大整个建筑的冷负荷，增加了对空调制冷的需求。玻璃面越大，附加阳光间在冬季的散热量和夏季的得热量就越大。因此，为了尽可能地减少冬夏热损失，开敞式附加阳光间必须采用高性能玻璃等来做好保温隔热，气候越恶劣，保温隔热措施就越严格。

2）隔墙式设计

隔墙式附加阳光间用隔墙将附加阳光间和生活空间隔离开来，共有以下三种形式。

（1）采用玻璃隔墙[图 6-22（b）]。在温和的气候条件下可采用单层玻璃窗，在寒冷的气候条件下应采用双层玻璃窗。

在玻璃隔墙设计中，阳光透过南向玻璃窗，照射到室内物体表面并转化为热量，从而提高附加阳光间内的空气温度。这些热量通过连接附加阳光间和生活区的玻璃推拉门窗进入起居室。如果附加阳光间进深不大，阳光可以照射到邻近的生活空间直接供热。

这种设计把附加阳光间作为一个独立的空间，而不是生活空间的有机组成部分，附加阳光间不会被持续地加热或冷却。与白天相反，在夜晚，附加阳光间内的空气逐渐冷却，热量不再从附加阳光间流入室内，而是散失到室外，第二天重复这一过程。为了节能和提高舒适性，可以安装可拆卸的保温隔热窗帘，以减少经玻璃隔墙或南向窗户流失的热量。

（2）采用框架隔墙。框架隔墙通常设置在附加阳光间和邻近房间之间，墙体是否需要保温取决于气候条件。在恶劣的气候条件下，为了防止建筑在夜间或天气多云时损失热量，保温变得更为重要。在温和气候条件下，在采暖季节，建筑一般不需要保温，但是它能起到隔热作用。

与其他设计一样，在夏季和初秋，为避免附加阳光间过热，需采取遮阳措施。有些设计师把通风口安装在附加阳光间的外墙，在夏季，室外空气进入室内，有助于维持舒适的室内温度。

如图 6-22（c）所示，隔墙上的通风口把热空气从附加阳光间传递到生活空间。通常选用门窗，而门的效果更显著，若依靠门通风，宜结合玻璃窗设置，且至少占玻璃窗面积的 15%。而窗户传递热空气的效率较低，因此选用窗户，其面积宜占到整个隔墙面积的 40%。

（3）采用蓄热隔墙［图 6-22（d）］。阳光照射到阳光间物体表面和后面的蓄热墙后转化为热量。热空气经通风口或门窗进入邻近生活空间，提供白天所需热量。蓄热墙吸收的热量逐步释放到生活空间，进行长时间供热。此外，安装窗帘和可拆卸保温构件可减少夜间和寒流时的热损失。

### 2. 附加阳光间的设计要点

建造同时为生活空间和种植区提供热量的附加阳光间，具有很大的挑战性。如果有意建造附加阳光间，就要考虑周全，因为附加阳光间最大的一个问题是无论在夏季或冬季，都会出现过热现象，不利于植物的生长。另一个问题是，附加阳光间常年受到湿热气候影响，它很难作为生活空间。

由于附加阳光间会出现过热现象，建议尽量不要采用全玻璃设计。保温性能好的屋顶可以减少冬季热损失和夏季得热量。挑檐、遮阳板和植被遮阳也可以防止过热和阳光直晒，但也有不利因素，例如，在夏季用于隔热的屋顶和挑檐会延缓植物生长；在采暖季节，若附加阳光间的屋顶有更多用途时，其得热量会减少。

在直接得热式系统中，附加阳光间的南向窗可垂直设置或倾斜设置。垂直窗易设置遮阳构件时，易防水，得热低，且不易发生渗漏。

附加阳光间尺寸灵活，大多数情况下，先要确定需要的活动空间大小，通常要创造充足的生活空间与种植区，然后确定窗洞尺寸。

按照惯例，气候越寒冷，建筑保温越重要，尤其是基础、楼板和玻璃部位。附加阳光间的保温更加重要，因为它不仅可以提供热量，还为居住者提供了生活空间和种植区。

如果附加阳光间的热量与生活空间独立，就像一个热量收集器，那么有必要在四周采取保温措施。保温可以最大限度地保证附加阳光间处于最佳状态下，即使室外温度下降到 0℃以下，附加阳光间的玻璃也能最大限度地防止室内热量流失，而且温室内的玻璃也能最大限度地防止室内热量流失。

通常在建筑的外表面安装遮阳装置，尤其是屋顶的天窗。附加阳光间采用的是窗帘遮阳，在被动式太阳能系统中，挑檐也能起到相同的遮阳作用。

无论是东向墙还是西向墙，墙体都不能是透明的，而且需要做好保温，因为在冬季，东、西向墙并不能获得很多的热量；而在夏季，东、西向墙会获得太多热量，从而造成室内过热。对于东、西向墙，安装适当尺寸的窗户满足自然通风要求即可。

# 第7章 绿化与建筑环境设计

作为生态系统中的生产者，植物以其强大的生产力发挥着调节温度、湿度、气流，净化空气和水体土壤，防噪，涵养水源，保护生物多样性等多种重要的生态功能。

绿化是缓解热岛效应、污染等现代城市问题的最经济有效的方法。采用生态绿地、墙体绿化、屋顶绿化等多种形式，对乔木、灌木和地被、攀爬植物进行合理配置，形成多层次复合生态结构，使人工配置的植物群落达到自然和谐，是绿色建筑规划设计中极为重要的内容。

## 7.1 植物对绿色建筑的贡献

### 7.1.1 微气候调节与节能

在白天特别是高温时段，植物要进行剧烈的蒸腾作用，通过叶片将根部吸收的90%以上的水分蒸发到空气中。经北京市园林绿化局测定，$1hm^2$ 阔叶林在夏季能蒸发 250t 水，比同样面积的裸露地面的蒸发量高 20 倍，相当于同等面积的水库蒸发量。据测定，植物每蒸发 1g 水，就带走 2260J 热量，因此降温效果十分显著。

从建筑周围环境来看，植物具有调节温度、减少辐射的生态功能。在夏季，人在树荫下和在阳光直射下的感觉差异是很大的，这种感觉的差异不仅仅是 3～5℃温差造成的，主要是由太阳辐射温度造成的。茂盛的树冠能挡住 50%～90%的太阳辐射，经测定，夏季树荫下的温度与阳光直射的辐射温度可相差 30～40℃，且不同树种的遮阳降温效果也不同。联合国环境规划署的研究表明，如果一个城市的屋顶绿化率达 70%以上，城市上空的二氧化碳含量将下降 80%，热岛效应将会彻底消失。热岛效应的缓解(大面积植被吸收太阳紫外线)可减少空调用电量，并减少发电厂二氧化碳的产生量；可延长建筑物寿命，减少重建伴生的二氧化碳的产生量。一座城市的屋顶面积大约为整个居住区面积的 1/5，绿化的屋顶除了在夏季对室外环境具有十分明显的降温和增湿作用以外，还可以大大降低屋顶外表面的平均辐射温度(一般可降低 10～20℃)，从而进一步改善城市的热环境。加拿大国家研究院进行屋顶绿化节能测试后公布的数据表明，没有屋顶绿化的房屋空调能耗为 6000～8000kW·h。同一栋楼中，屋顶绿化过的房间空调能耗为 2000kW·h，节约了大量电能，在冬季能节省 50%的供暖能源。

### 7.1.2 净化空气

植物具有释放氧气、吸收有害气体、滞尘、杀菌、释放负离子等一系列净化空气的作用。

1. 吸收二氧化碳，释放氧气

自然状态下的空气是一种无色、无臭、无味的气体，其含量构成约为氮气 78%、氧气 21%、二氧化碳 0.03%，此外还有惰性气体和水蒸气等。在人们所吸入的空气中，当二氧化碳含量为 0.05%时，人就会感到呼吸不适；二氧化碳含量达到 0.2%时，人就会感到头昏耳鸣，心悸，血压升高；达到 10%的时候，人就会迅速丧失意识，停止呼吸，以致死亡。当氧气的含量减少到 10%时，人就会恶心呕吐。随着工业的发展，整个大气圈中的二氧化碳含量呈现不断增加的趋势，这样就造成了对人类生存环境的威胁，降低了人类的生活质量。植物通过光合作用吸收二氧化碳，释放出氧气，是名副其实的"天然制氧机"。

2. 吸收有害气体

空气中的有害气体主要有二氧化硫、氯气、氟化氢、氨、汞蒸气、铅蒸气等，其中以二氧化硫的含量最高，分布最广，危害最大。在煤、石油等的燃烧过程中都要排出二氧化硫，所以在工业城市的上空中，二氧化硫的含量通常是较高的。常见园林植物吸附有害气体的效果如表 7-1 所示。

**表 7-1　常见园林植物吸附有害气体的效果比较**

| 有害气体 | 吸附性强的植物 | 吸附性中等的植物 | 吸附性弱的植物 |
| --- | --- | --- | --- |
| 二氧化硫 | 花曲柳、桑树、皂荚、山桃、黄檗、臭椿、紫丁香、忍冬、怪柳、圆柏、枸杞、辽东水蜡树、刺槐、色赤杨、加杨、黄刺玫、玫瑰、白榆、棕榈、山茶、桂花、广玉兰、龙柏、女贞、垂柳、夹竹桃、柑橘、紫薇 | 稠李、白桦、沙松、枫杨、日本桤木、山梨、暴马丁香、元宝枫、连翘、银杏、绣线菊、卫矛、榆树、槐树、山梅花、冷杉 | 榆叶梅、锦带花、白皮松、风箱果、云杉、油松、樟子松 |
| 氟化氢 | 圆柏、侧柏、臭椿、银杏、槐树、构树、泡桐、枣树、榆树、山杏、白桦、桑树 | 杜仲、沙松、冷杉、毛樱桃、紫丁香、元宝枫、卫矛、皂荚、茶条槭、华山松、旱柳、云杉、白皮松、红松、红花碧桃、新疆杨 | 山桃、榆叶梅、葡萄、刺槐、银杏、稠李、暴马丁香、樟子松、油松 |
| 氯气 | 花曲柳、桑树、皂荚、旱柳、怪柳、忍冬、枸杞、辽东水蜡树、紫穗槐、卫矛、刺槐、山桃、木槿、榆树、枣树、臭椿、棕榈、罗汉松、加杨、樱桃、紫荆、紫薇、枇杷、香樟树、大叶黄杨、刺柏 | 加杨、丁香、黄檗、山楂、山荆子、核桃、云杉、银杏、冷杉、黄刺玫、大叶黄杨、构树、枫树、龙柏、圆柏 | 油松、锦带花、榆叶梅、糠椴、山杏、连翘、云杉、圆柏、白桦、悬铃木、雪松、柳杉、黑松、广玉兰 |

3. 吸滞粉尘和烟尘

城市空气中含有大量的尘埃、油烟、碳颗粒等，这些微尘颗粒虽小，但在大气中的总重量却十分惊人，工业城市每年每平方公里的降尘量平均为 500～1000t，这些粉尘和烟尘一方面降低了太阳的照明度和辐射强度、削弱了紫外线，对人体的健康十分不利；另一方面，人呼吸时，飘尘进入肺部，容易使人患气管炎、支气管炎等疾病，例如，1952 年伦敦因燃煤粉尘造成 4000 多人死亡，即骇人听闻的"伦敦烟雾事件"。

植物，特别是树木，对烟尘和粉尘有明显的阻挡、过滤和吸附作用，称为"空气的绿色过滤器"。常见园林植物的滞尘效果如表 7-2 所示。

表 7-2 常见园林植物的滞尘效果比较

| 滞尘效果 | 植物类型和名称 | |
| --- | --- | --- |
| 较强 | 针叶类 | 圆柏、雪松 |
| | 乔木类 | 银杏、元宝枫、女贞、毛白杨、悬铃木、银中杨、榆树、朴树、桑树、泡桐 |
| | 灌木类 | 紫薇、忍冬、丁香、锦带花、鸡树条、榆叶梅 |
| 中等 | 乔木类 | 槐树、栾树、臭椿、白桦、旱柳 |
| | 灌木类 | 紫丁香、榆叶梅、棣棠、连翘、暴马丁香、辽东水蜡树、毛樱桃、接骨木、树锦鸡儿、大叶黄杨、月季、紫荆 |
| 较弱 | 小叶黄杨、紫叶小檗、油松、垂柳、紫椴、白蜡、金山绣线菊、金焰绣线菊、五叶地锦 | |

### 4. 减少空气中的含菌量

城市中人口众多，空气中悬浮着大量细菌，园林绿地可以减少空气中的细菌数量：一方面，由于有园林植物的覆盖，绿地上空的灰尘相应减少，因而也减少了附在其上的病原菌；另一方面，许多植物能分泌杀菌素，使细菌数量减少。

### 5. 促进人体健康

根据医学测定，绿色植物能有效缓解视觉疲劳。在绿地环境中，人的脉搏次数下降，呼吸变缓，皮肤温度降低，精神状态安详、轻松，而且负氧离子可增加人的活力。

## 7.1.3 净化水体和土壤

城市和郊区的水体常受到工厂废水及居民生活污水的污染而影响环境卫生和人们的身体健康，而植物有一定的净化污水的能力。研究证明，树木可以吸收水中的溶解质，减少水中的细菌数量。

许多水生植物和沼生植物对城市的污水有明显的净化作用。每平方米土地上生长的芦苇在一年内可积聚 6kg 的污染物，还可以消除水中的大肠杆菌。在种有芦苇的水池中，水中的悬浮物可减少 30%、氯化物减少 90%、有机氯减少 60%、磷酸盐减少 20%、氨减少 66%，总硬度减小 33%。水葱可吸收污水池中的有机化合物，水葫芦能从污水中吸取汞、银、金、铅等金属物质。

植物的地下根系能吸收大量有害物质，具有净化土壤的能力，有的根系分泌物能使进入土壤的大肠杆菌死亡。有植物根系分布的土壤中，好气性细菌比没有根系分布的土壤多几百倍至几千倍，故能促使土壤中的有机物迅速无机化，既净化了土壤，又增加了肥力。另外，研究证明，含有好气性细菌的土壤有吸收空气中一氧化碳的能力。

树木下的枯枝落叶可吸收 1～2.5kg 的水分，腐殖质能吸收高于本身含量 25 倍的水。每小时每平方米能渗入土壤中的水分约为 50kg，1hm² 林木每年可蒸发 4500～7500t 水。

另外，相关研究表明，屋顶绿化可使直接的雨水流失量减少 70%～90%。暴雨来临之际，还可有效缓解城市排水系统的压力。和地面绿地一样，屋顶绿化所收集的雨水资源也能够通过蒸发等途径进入自然的水循环系统中。

### 7.1.4  减噪

噪声会使人产生头昏、头痛、神经衰弱、消化不良、高血压等病症。树木对声波有散射、吸收的作用，能通过枝叶的微振作用减弱噪声。减噪效果取决于树种的特性，叶片大又有坚硬结构的树木或叶片像鳞片状重叠的树木减噪效果好；在冬季仍留有枯叶的落叶树木的减噪效果好。

一般来说，噪声通过林带后的自然衰减量比在空地上多 10～15dB。屋顶花园至少可以减少 3dB 噪声，同时可隔绝噪声 8dB，这对于位于机场附近或周边有喧闹的娱乐场所、大型设备的建筑来说十分有效。

### 7.1.5  保护生物多样性

绿化建筑环境是保护生物多样性的一项重要措施，植物多样性的存在是多种生物繁荣生长的基础，因而进行多植物种植，创造各种类型的绿地并将它们有机组合成系统，是实现生物多样性保护必不可少的内容。例如，与地面相比，屋顶，特别是轻型屋顶很少被打扰，这里环境优美、空间开敞，昆虫、鸟类均可以找到一方乐土，特别是拥有"空中森林"的城市就相当于在都市里为小动物建立了生存的乐园。

## 7.2  绿化设计的原则

### 1. 乡土植物优先利用的原则

城市绿化树种选择应借鉴地带性植物群落的组成、结构特征和演替规律，顺应自然规律，选择对当地土壤和气候条件适应性强、有地方特色的植物作为城市绿化的主体。采用少维护、耐候性强的植物，可减少日常维护的费用。

### 2. 充分发挥生态效益的原则

采用生态绿地、墙体绿化、屋顶绿化等多种形式，对乔木、灌木和地被、攀爬植物进行合理配置，形成多层次复合生态结构，使人工配置植物群落达到自然和谐，并起到遮阳、降低能耗的作用；合理配置绿地，可达到在局部环境内保持水土、调节气候、降低污染和隔绝噪声的目的。

### 3. 多样性原则

生物多样性包括遗传多样性、物种多样性和生态系统多样性。绿色建筑的绿化设计要求种植多种植物，创造多种多样的生态环境和绿地生态系统，满足各种植物及其他生物的生存需要和整个城市自然生态系统的平衡，促进人居环境的可持续发展。

## 7.3  环境绿化设计

绿色建筑环境绿化可分为大环境绿化和小环境绿化两大类，前者包括居住区绿地，再到范围更大的城市区域绿地、城市绿地系统，甚至整个生物圈。后者主要是针对单个建筑楼前

第 7 章　绿化与建筑环境设计 ·137·

楼后的绿化。

### 7.3.1　原有植被的保护与利用

绿色植物与绿色建筑有着非常密切的关系，而原生植被处在地带性植被阶段，是最稳定的，因此能最大限度地发挥其良好的生态、经济和社会效益。另外，在各地漫长的植物栽培和应用观赏历程中，容易与当地的文化融为一体，形成具有地方特色的植物景观。甚至有些植物材料逐渐演化为一个地区的象征，与当地建筑一同创造了独具地方特色的城市景观。

### 7.3.2　城市区域环境绿化

绿地是改善城市环境质量最经济、有效的方法。单纯从生态学角度来看，城市内部及其周边的绿地越多，生态效应越好。然而，除了自然规律外，我们还要考虑经济规律和社会发展条件，良好的城市区域生态环境是实现绿色建筑的基础和保证。

研究表明，在插入城市中的绿地与该城市夏季主导风向一致的情况下，可将城市周边的新鲜凉爽的空气随风引入城市中心地区，为炎夏的城市通风降温(图 7-1)；而冬季，在垂直冬季寒风的方向种植防风林带，可改善城市气候，起到为城市防风的作用(图 7-2)。通过保护和改善城市气候环境，可使城市冬暖夏凉，从而降低建筑能耗。

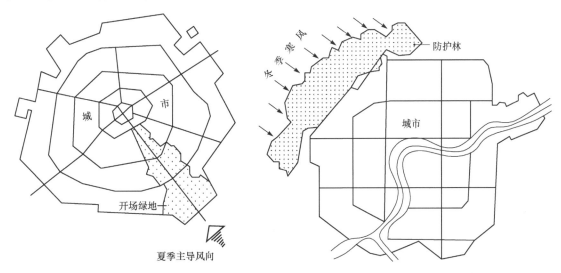

图 7-1　城市绿地的通风作用　　　　　图 7-2　城市绿地的防风功能

人们还可以利用风玫瑰图来确定城市周边氧源绿地的布局，具体做法如图 7-3 所示，将城市的风向玫瑰图叠加在城市平面图上，将风向玫瑰图按某一倍数 $X$ 放大，即可得到城市氧源绿地的布局。全为森林时，$X=2$；全为农田时，$X=6$。设城市半径为 $R$，对于绿地要求高的疗养城市，$L_d$(短瓣长度)$=XR$，保证全年有充足的氧气供应；对于重要城市，$L_p$(瓣长平均值)$=XR$，以保证全年大多数风向时有充足的氧气供应；对于一般城市，$L_c$(长瓣长度)$=XR$，保证全年主导风向时有充分的氧气供应。

城市热岛效应的结果之一是使热岛部位的热空气上升，四周的冷空气从下面补充，形成热岛环流，污染物向城市中心聚集。如果四周是产生清洁空气的绿地，那么人们就可以利用热岛环流改善城市空气质量。

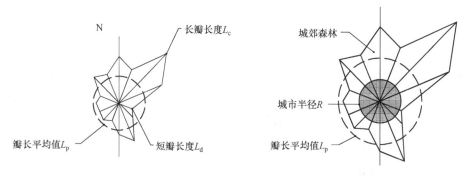

(a) 风玫瑰的瓣长　　　　　　　(b) 按平均瓣长为城市半径的2倍布置城郊森林

图 7-3　根据风玫瑰图布置氧源绿地

　　热岛环流在低空造成的污染向城市中心的集中现象提示我们，将城市或城市组团的面积划小，组团之间用绿地隔离，可以减小城市中心空气污染的集中程度（图 7-4）；城市组团中心布局绿心，可以分散城市中心空气污染的集中范围。

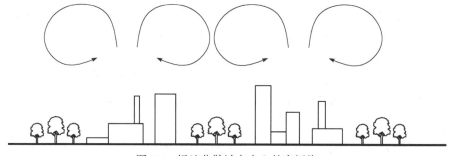

图 7-4　绿地分散城市中心的高污染

　　此外，城市组团内部仍然需要布置一些绿地作为通风、排气的生态廊道，提供美化街景、遮阳避暑等功能，满足居民进行休憩和文化活动的需要，并适当调整城市热岛强度。因此，理想的城市组团绿地布局模式为如图 7-5 所示的"绿网+绿心"格局。

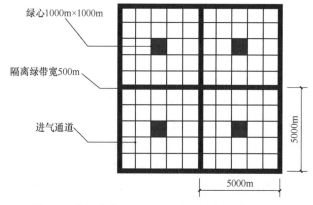

图 7-5　静风条件下理想的城市组团绿地布局模式

### 7.3.3　节约能源的理想种植设计

　　现有树木的种植往往处于纯粹从美学方面考虑的阶段，而节约能源的种植则是将能源节省的功能放在首位，然而再考虑美学等其他价值。我们的祖先在很早以前就知道，栽植树木可以使居住环境变得冬暖夏凉。住宅中大约有 50% 的能源消耗用于室内的取暖和制冷，宾夕法尼亚州的一项研究表明，为活动住房遮阴的树木可使制冷成本降低 75%。

采用能量制冷和取暖之前必须了解种植树木是否可以阻挡阳光或寒风。夏季树木的荫蔽可以给室内带来舒适的感觉，树木可以阻挡照射到墙壁以及屋顶的阳光，防止房屋加热至超过周围环境或者一个特定区域的一般空气温度。另外，树木的树荫可以防止周围环境吸收太阳热量。当阳光照射在房屋附近的地面以及道路上时，地面作为一个热量沉积的场所或热量储存区域，在下午以及夜晚，将太阳能辐射转化为热能进行释放。而在冬季，植物可以遮挡寒风，节约取暖能源。

如图 7-6 所示为一种理想的节能种植设计平面布局。在制冷季节，东面、西面的植物遮挡阳光，南面的屋顶挑檐、门廊或植物(冬季落叶)将大量的太阳辐射阻挡在外。在取暖季节，北面的常绿乔木和灌木阻挡了凛冽的寒风。由于太阳高度角低，南面的挑檐、门廊等不会阻挡太阳光的照射，落叶及距离建筑足够远的植物不会阻碍建筑物对太阳辐射的获取。

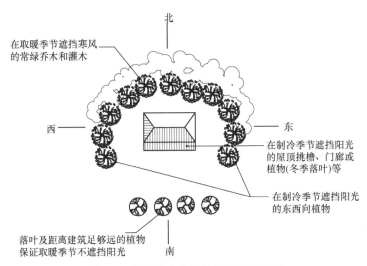

图 7-6　理想的节能种植设计平面布局

1. 寒冷地区的树木种植

在较冷的地区，冬季漫长而寒冷，夏季短暂而温和，在冬季，树木不能阻碍热量的吸收。由于较冷地区的房屋仅能在南面部分接收冬季的日光，在秋季、冬季以及春季，树木不应阻碍较低太阳角度的阳光照射。在冬季，房屋需要阳光来补充热量，而且房屋的屋檐悬挑为控制夏季不必要的热量获取提供了最佳解决方案。如果采用树木来控制热量获取，应当将其种植在房屋西侧，来阻挡下午的阳光。种植在西边的树木可以是落叶植物，或者是常绿树。在取暖季节，太阳的路径使日光主要照射在房屋的南面，如果树木种植在房屋的南面，它们应当距离房屋足够远，以防阻挡冬季的日光。树木也可以靠近房屋，修剪树枝，在取暖的季节让阳光照射到室内。图 7-7 所示为寒冷地区的树木种植位置。

2. 炎热干旱气候区的树木种植

在炎热干旱气候区，树木的种植以及房屋的设计目标应当包括在制冷季节阻止热量的获

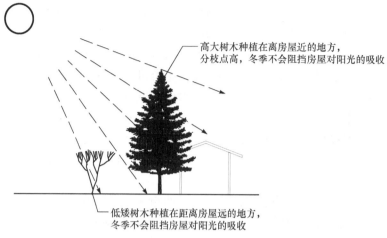

高大树木种植在离房屋近的地方，分枝点高，冬季不会阻挡房屋对阳光的吸收

低矮树木种植在距离房屋远的地方，冬季不会阻挡房屋对阳光的吸收

图 7-7　寒冷地区的树木种植位置

取，而在取暖的季节允许建筑南面获得冬季的阳光。由于房屋制冷比加热要困难一些，荫蔽十分必要。在制冷的季节，应避免阳光照射房屋的东面、西面和南面，来保持和减少房屋内的热量获取。在这种气候下，热量的传导是导致内部空间变热的主要因素。树木应当种植在房屋的东面、西面以及北面，来阻止制冷季节的热量获取。房屋本身也应当阻止这些地区的热量获取，较厚的砖石墙本身可以阻挡热量，通过墙壁来防止白天的对流。房屋的南面、东面和西面应当通过屋顶悬挑、遮阳棚、凉亭或者乔木来加以保护，防止房屋在制冷的季节被阳光照射过热，而在取暖的季节允许较多的热量获取。在冬季主导风向种植乔木和灌木丛可阻挡冬季寒风，如图 7-8 所示。

3. 湿热气候中的树木种植

在湿热的气候中，树木种植以及房屋的设计目标应当包括在制冷的季节阻止热量的获取，而在取暖的季节允许房屋的南面获得冬季的阳光。气候中热量的传导是使内部空间变热的主要因素，如果不允许热量进入室内空间，房屋就不会加热到超过周围环境温度的程度；湿热气候地带的冬季短暂而温和，夏季漫长而炎热，制冷的能源消耗为每年能源总消耗的 2/3。在这个气候地带，人们更需要荫蔽。如图 7-9 所示，树木应当种植在房屋的东面、西面以及北面，来阻止制冷季节的热量获取。房屋的南面应当通过屋顶悬挑、遮阳棚或者乔木来加以保护，这些都可以防止房屋在制冷的季节被阳光照射过热，而在取暖的季节则允许较多的热量获取。由于太阳热量主要是通过穿透窗户进入房屋，如果阳光无法照射到建筑物，就不会有大的热量传送或者传导进入房屋。房屋的南面应当种植树木，栽种时要避免树枝和树干阻挡冬季的低角度阳光。落叶树的树枝结构会阻挡冬季 50%～80% 的阳光照射，可以在东面和西面栽种常绿树或者落叶树。

4. 树木布局与通风

房间周围树木的布置位置往往会在一定程度上引导风的吹向，如图 7-10 所示的行列树的布置方式就有利于建筑物的自然通风。但是，如果在房屋的三面都种植树木（图 7-11），房屋的通风效果便会受到较大影响。

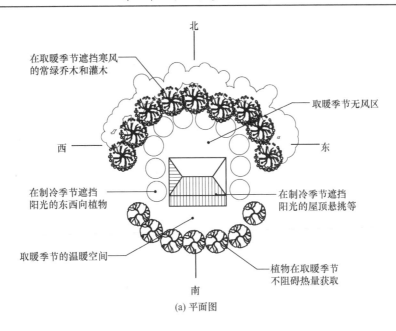

(a) 平面图

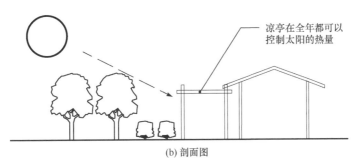

(b) 剖面图

图 7-8　炎热干旱气候中的树木种植布局

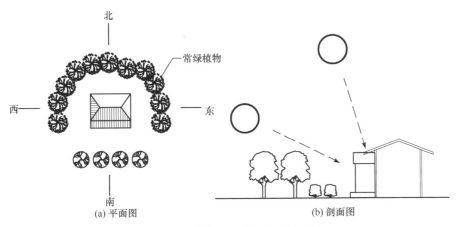

图 7-9　湿热气候中的树木种植布局

　　当在沿房屋的长向迎风一侧种植树木时，若树木在房屋的两端向外延伸，则可加强房间内的通风效果。当在沿房屋长向的窗前种植树木时，如果树丛把窗户的檐口挡住，往往会使吹进房内的风引向顶棚[图 7-12(a)]，但如果树丛离开外墙尚有一定距离时，吹来的风有可能大部分或全部越过窗户而从屋顶穿过房子[图 7-12(b)]，当在迎风一侧的窗前种植一排低于窗台的灌木且与窗的间距为 4.5～6m 时，往往可使吹进窗内的风向下倾斜，从而改善房间的通风效果(图 7-13)。

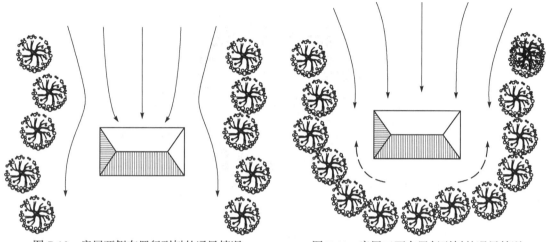

图 7-10　房屋两侧布置行列树的通风情况　　　　图 7-11　房屋三面布置行列树的通风情况

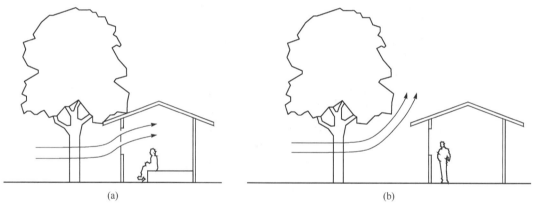

(a)　　　　　　　　　　　　　　　　(b)

图 7-12　树木与窗户位置对房间通风的影响

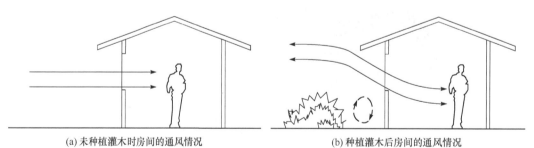

(a) 未种植灌木时房间的通风情况　　　　　　(b) 种植灌木后房间的通风情况

图 7-13　窗前种植灌木对房间通风的影响

# 7.4　立体绿化设计

## 7.4.1　屋顶绿化

屋顶花园能美化环境，是人们寻幽觅趣、游憩健身之所。对于一个城市来说，绿化屋顶就是自然空调,它可以保证特定范围内居住环境的生态平衡与良好的生活意境。实验证明,绿化屋顶在夏季可降温,冬季可保暖,始终保持 20℃ 的舒适环境,对居住者身体健康大有裨益。据测试,只要市中心建筑物上的植被覆盖率增加 10%,就能在夏季最炎热白天的时候,将温度降低 2~3℃,并能降低污染。屋顶花园还是建筑构造层的保护层,一般经过绿化的屋顶,不但可调节夏、冬两季的极端温度,还可以保护建筑物本身的基本构件,防止建筑物产生裂纹,延长使用寿命。同时,屋顶花园还有储存降水的功能,可以减轻城市排水系统压力。屋顶花园还可以回归自然有效的生态面积,规划完善良性的生态循环,帮助鸟类、蜜蜂、蝴蝶等找到新的生存空间,还为濒危植物提供了自由生长的家园。

## 7.4.2　墙面绿化

墙面绿化泛指用攀爬植物装饰建筑物外墙和各种围墙的一种立体绿化形式。对建筑外墙进行垂直绿化,对美化立面、增加绿地面积和形成良好的生态环境有重大意义。垂直绿化主要应用于东、西墙面,是防止晨晒和西晒的一种有效方法,能够更有效地利用植物的遮阳和蒸腾作用,缓和阳光对建筑的直射,间接地对室内空间起到降低热负荷的作用,并且可以降低墙体对周边环境的热辐射。

墙面绿化还可以按照人们的意图,为建筑物的立面进行遮挡和美化,同时可以降低墙面对噪声的反射,吸附灰尘,减少尘埃。例如,爬山虎、地锦等有吸附能力的植物不需要任何支架,就可以绿化 6 层楼高的墙面。小区内采用垂直绿化,不仅可以成为城市的重要景观,而且具有良好的生态效应。

墙面绿化设施形式应结合建筑物的用途、结构特点、造型、色彩等设计,同时还要考虑地区特点和小气候条件,常用的绿化设施有以下三种形式。

(1)墙顶种植槽。墙顶种植槽是指墙顶部设置种植槽,即把种植槽砌筑在墙顶上。这种形式的种植槽一般较窄,浇水施肥不方便,适用于围墙。

(2)墙面花斗。墙面花斗是指设置在建筑物或围墙的墙身立面的种植池,一般是在建筑施工时预先埋入的。在设计时最好能预先埋设供肥水装置,或在楼层内留有花斗灌肥水口,底部设置排水孔,花斗的形式、尺寸可视墙面的立面形式、栽植的植物种类等来确定。

(3)墙基种植槽。墙基种植槽是指在建筑物或围墙的基部利用边角土地砌筑的种植槽,有时候也可以把种植槽和建筑物或围墙作为整体来设计,这样效果更好。墙基种植槽的设计可视具体条件而定,一般应尽量在土壤层上,如有人行道板或水泥路面时,应当使墙基种植槽的深度大于 45mm。过低、过窄的墙基种植槽不仅存土量少,而且易引起植物脱水,对植物生长不利。

对于墙面绿化植物的选择,必须考虑不同习性的攀爬植物对环境条件的要求,并根据攀爬植物的观赏效果和功能要求进行设计。

(1)应根据不同种类攀爬植物本身特有的习性加以选择。

(2)应根据种植地的朝向选择攀爬植物。东南向的墙面或构筑物前应种植喜阳的攀爬植物;北向墙面或构筑物前,应栽植耐阴或半耐阴的攀爬植物;在高大建筑物北面或高大乔木下面等遮阴程度较大的地方种植攀爬植物,也应在耐阴种类中选择。

(3)应根据墙面或构筑物的高度来选择攀爬植物。

(4)应尽量采用地栽形式,并以种植带宽度为 50~100cm,土层厚 50cm,根系距墙 15cm,株距为 50~100cm 为宜。使用容器(种植槽或盆)栽植时,高度应为 60cm,宽度为 50cm,株距为 2m，容器底部应有排水孔。

除此之外，设计师还在不断探索新型的墙面绿化形式。例如，重庆大学设计的重庆天奇花园建筑，其西墙上的绿化没有采用直接在墙上设置攀爬植物的做法，而是在距墙 30cm 处设置一片构架，植物垂吊在构架上，这样，在构架与墙体间的空气层可加强西墙的散热，避免了直接在墙上设置攀爬植物而减弱墙体自身散热的问题。

### 7.4.3　窗台和阳台绿化

相较于作为"第五立面"的屋顶，阳台、窗台面积虽小，但在人们的日常生活中却充当着更为重要的角色，使用频率非常高。若能用植物装点阳台、窗台，借助于阳台、窗台的狭小空间创造迷你花园，人们足不出户即可欣赏翠绿的植物、艳丽的花朵、金黄的果实，就好像把花园搬到了家中，又好像在阳台、窗前安装了空气清新器和消声除尘器，对缓解工作和学习带来的压力、安定情绪、减少疾病等有很大作用，对人们的身心健康是极为有益的。

阳台、窗台绿化可以美化环境，但是阳台、窗台的空间一般有限，而且处于砖石或混凝土的墙壁、板块等硬质材料之间。夏秋季节，阳台具有光照强烈、建筑材料吸收辐射热多、一级蒸发量大等特点，在冬季则较为寒冷。除此之外，种植箱（槽）或花盆内的土壤还具有相对较浅及易脱离地面等特点。因此，阳台、窗台绿化应选择抗旱、抗风、耐寒、水平根系发达的浅根性植物，并且要求其生长健壮，植株较小。阳台、窗台的绿化植物以常绿灌木或草本植物为佳，也常用攀爬植物或蔓生植物。

阳台、窗台的朝向与光照条件对植物的选择至关重要。朝东或朝南的阳台或窗台，光照充足、通风较好，植物的选择余地较大；其他朝向的阳台、窗台光照条件较差，用植物布置时需扬长避短，因地制宜。例如，西向的阳台、窗台可用活动花屏或种植攀爬植物，形成屏障，以遮挡夏季西晒；朝北的阳台则可选用一些耐阴的植物。

建筑体绿化能取得良好的节能效果，如图 7-14 所示为日本福冈市阿库劳斯大厦的阶梯花园。于 1995 年竣工的阿库劳斯大厦是一座造型奇特的高层建筑，远远看上去似金字塔，14 层的大厦南侧外墙设计成阶梯状收进，一层层平台上填入无机质人工轻质土壤，种了近百种植物，约 3.5 万株，构成了一座空中阶梯花园。从图 7-15 可以看出，盛夏白天，由于植物和土壤具有隔热效果，热量几乎传不到屋顶下面的房间。图 7-16 为阶梯花园与下面办公室的温度随时间的变化情况，由图可见，有了阶梯花园，办公室内部温度受外面温度变化的影响明显减小。

图 7-14　阿库劳斯大厦阶梯花园

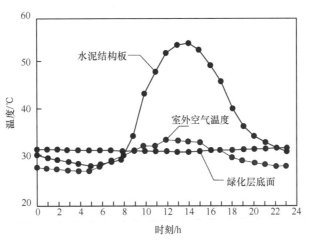

图 7-15　阿库劳斯大厦的温度比较

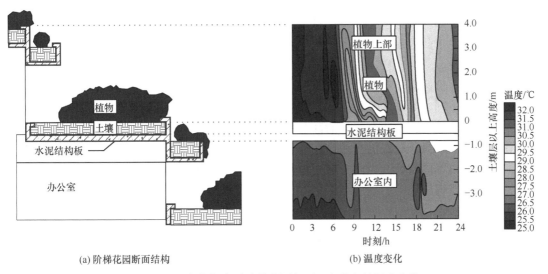

(a) 阶梯花园断面结构　　　　　　　　　　　　(b) 温度变化

图 7-16　阿库劳斯大厦阶梯花园与下面办公室的温度变化

# 第8章 绿色建筑评价

## 8.1 绿色建筑评价概述

面对我国建筑业高能耗、高污染的现状，发展绿色建筑已经是一件刻不容缓的事情，选择绿色建筑是未来建筑业发展的必然趋势，这就需要明确的绿色建筑评价标准。因此，根据当前的技术水平，对建筑的绿色程度进行评判，对积极引导和大力发展绿色建筑具有十分重要的意义。

绿色建筑是一个含义特别宽泛的概念，对绿色建筑进行评估时，有许多技术性的指标和非量化的评判，如何将这些错综复杂且相互影响和联系的数据进行梳理和总结，是一个主要问题。标准要力求凸显重要因素，弱化非重要因素，得出与被评价建筑本身节能环保方面的特征相符的结论。

绿色建筑评价标准要有很强的地域适应性。不同的国家和地区的绿色建筑业发展程度不同、资源储存不同、经济水平不同、人们对于绿色建筑的观念不同，因此绿色建筑评价标准不能是一个通用的东西，要有很强的针对性和适用性。

建筑是使用寿命比较长的产品，在其全生命周期中，各种因素此消彼长，交替出现，在不同时期表现出不同特征。因此，对于绿色建筑的评价必须从建筑全生命周期的角度进行审视和评判，才能得出较为准确的结论。

## 8.2 我国绿色建筑评价体系

在绿色建筑评价体系制定方面，我国进行了许多有益的尝试，逐步建立了自己的绿色建筑评价体系。2001年，住房和城乡建设部住宅产业化促进中心制订了《绿色生态住宅小区建设要点与技术导则》。2005年10月，由建设部和科学技术部共同推出《绿色建筑技术导则》，全国各地的绿色建筑评估规范也相继发布。经过多年的理论研究和实践，建设部和国家质量监督检验检疫总局于2006年3月联合发布了《绿色建筑评价标准》(GB /T 50378—2006)，并于2014年4月和2019年3月完成修订版，标志着我国绿色建筑的发展进入了一个新的阶段。

### 8.2.1 《中国生态住宅技术评估手册》概述

为了促进中国住宅产业的可持续发展,中华全国工商业联合会房地产商会联合清华大学、住房和城乡建设部科技发展促进中心、中国建筑科学研究院有限公司等单位编制了国内第一部生态住宅评估体系——《中国生态住宅技术评估手册》，目前已是第三版，受到了业界的广泛关注和认可。

## 1. 评价体系结构

评价体系由住区环境规划设计、能源与环境、室内环境质量、住区水环境、材料与资源五个部分组成，涵盖了住区生态性能的各个方面。在体系结构和内容设置上，充分考虑了设计指导和性能评价的综合性，如表 8-1 所示，评价指标分四级：一级为评价体系的五个方面，二级为五个方面的细化，三级为部分二级指标的进一步细化，四级为具体措施与评价（未列出）。这种指标体系结构具有良好的开放性，便于指标的增减和修改。目前，我国生态住宅评估所需的基础数据较为缺乏，如各种建筑材料生产过程中的能源消耗、二氧化碳排放量、不同植被和树种的二氧化碳固定量等都还缺少统计数据，定量评价的标准难以科学确定。因此，评价指标采取定性和定量相结合的原则，定性指标以技术措施为主，既有利于评价，也有助于指导设计。

**表 8-1　《中国生态住宅技术评估手册》评价体系结构**

| 一级指标 | 二级指标 | 三级指标 |
|---|---|---|
| 住区环境规划设计 | 住区区位选址 | 使用废弃土地作为住宅用地 |
| | | 保护用地及其周围自然环境 |
| | | 保护用地及其周围人文环境 |
| | | 利用具有潜力的再开发用地 |
| | | 提高土地利用率 |
| | | 有利于减灾和防灾 |
| | | 远离污染源 |
| | 住区交通 | |
| | 规划有利于施工 | |
| | 住区绿化 | |
| | 住区空气质量 | |
| | 住区环境噪声 | |
| | 日照与采光 | |
| | 改善住区微环境 | |
| 能源与环境 | 建筑主体节能 | |
| | 常规能源系统的优化利用 | 冷热源和能量转换系统 |
| | | 能源输配系统 |
| | | 照明系统 |
| | | 热水供应系统 |
| | 可再生能源利用 | |
| | 能耗对环境的影响 | |

续表

| 一级指标 | 二级指标 | 三级指标 |
|---|---|---|
| 室内环境质量 | 室内空气质量 | 施工现场 |
| | | 通风及空调系统 |
| | | 污染源控制 |
| | | 室内空气质量客观评价 |
| | 室内热环境 | |
| | 室内光环境 | 室内日照与采光 |
| | | 室内照明 |
| | 室内声环境 | 平面布置合理 |
| | | 建筑构件隔声 |
| | | 设备噪声控制 |
| | | 室内噪声 |
| 住区水环境 | 规划用水 | 水量平衡 |
| | | 节水指标 |
| | 给水排水系统 | 给水系统 |
| | | 排水系统 |
| | 污水处理与回用 | 回用率指标 |
| | | 污水处理系统 |
| | | 污水回用系统 |
| | 雨水利用 | 屋顶雨水 |
| | | 地表径流雨水 |
| | | 雨水处理与利用 |
| | 绿化与景观用水 | 绿化用水 |
| | | 景观用水 |
| | | 湿地 |
| | 节水设施与器具 | 节水设施 |
| | | 节水器具 |
| 材料与资源 | 使用绿色建材 | |
| | 资源再利用 | 旧建筑改造 |
| | | 旧建筑材料利用 |
| | | 固体废弃物的处理 |
| | 住宅室内装修 | |
| | 垃圾处理 | |

## 2. 分值分配

各项分值分配如表 8-2 所示。

**表 8-2　《中国生态住宅技术评估手册》评价体系分值分配**

| 评价体系 | 具体内容 | 分值 |
| --- | --- | --- |
| 住区环境规划设计(100 分) | 住区区位选址 | 20 |
| | 住区交通 | 10 |
| | 规划有利于施工 | 10 |
| | 住区绿化 | 15 |
| | 住区空气质量 | 10 |
| | 住区环境噪声 | 10 |
| | 日照与采光 | 10 |
| | 改善住区微环境 | 15 |
| 能源与环境(100 分) | 建筑主体节能 | 35 |
| | 常规能源系统的优化利用 | 35 |
| | 可再生能源 | 15 |
| | 能耗对环境的影响 | 15 |
| 室内环境质量(100 分) | 室内空气质量 | 30 |
| | 室内热环境 | 10 |
| | 室内光环境 | 10 |
| | 室内声环境 | 10 |
| | 未遭否决基本分数 | 40 |
| 住区水环境(100 分) | 规划用水 | 12 |
| | 给水排水系统 | 0 |
| | 污水处理与回用 | 17 |
| | 雨水利用 | 8 |
| | 绿化与景观用水 | 14 |
| | 节水设施与器具 | 9 |
| | 未遭否决基本分数 | 40 |
| 材料与资源(100 分) | 使用绿色建材 | 30 |
| | 就地取材 | 10 |
| | 资源再利用 | 15 |
| | 住宅室内装修 | 20 |
| | 垃圾处理 | 25 |

## 3. 评价方法

在评价体系框架下，构建的评价体系由必备条件审核、规划设计阶段评价标准、验收与运行管理阶段评价标准三部分组成。必备条件审核旨在对参评项目是否满足国家法规、标准和规范要求，以及是否符合绿色建筑基本要求进行审核。不符合必备条件中的任何一条，都不能参加生态住宅的评价。以能源与环境评价为例，必备条件如表 8-3 所示。

**表 8-3　能源与环境评价必备条件**

| 项目 | 必备条件 | 必备条件分类 | | 所属阶段 | 审核 |
|------|----------|:---:|:---:|:---:|:---:|
| | | 标准规范 | 绿色要求 | | |
| 建筑主体节能 | 筑围护结构热工性能分别满足《严寒和寒冷地区居住建筑节能设计标准》(JGJ 26—2010)、《居住建筑节能检测标准》(JGJ/T 132—2009)、《夏热冬冷地区居住建筑技能设计标准》(JGJ 134—2010)等现行标准中的相关规定 | √ | | 规划设计 | |
| | 建筑耗热量、耗冷量指标分别满足《严寒和寒冷地区居住建筑节能设计标准》(JGJ 26—2010)、《居住建筑节能检测标准》(JGJ/T 132—2009)、《夏热冬冷地区居住建筑技能设计标准》(JGJ 134—2010)等现行标准中的相关规定 | √ | | 规划设计 | |
| | 建筑物全年耗热量指标 $Q_H$、建筑物全年耗冷量指标 $Q_c$ 应分别低于建筑所在地区规定的能耗限值 | | √ | 规划设计 | |
| 常规能源系统的优化利用 | 不得违反国家的能源政策和法规 | √ | | 规划设计 | |
| | 计算能量转换效率不低于 0.21 | | √ | 规划设计 | |
| | 计算输配系数不低于 3 | | √ | 规划设计 | |
| | 建筑设计必须充分考虑自然采光 | | √ | 规划设计 | |
| | 必须采取相应的节点措施 | | √ | 规划设计 | |
| | 不得专门设置住区锅炉房 | | √ | 规划设计 | |
| 可再生能源 | 不得违反国家的能源政策和法规 | √ | | 规划设计 | |
| | 地热、水源热泵系统所用地下水必须 100%回灌 | √ | | 规划设计 | |
| 能耗对环境的影响 | 能源系统污染物排放符合国家级地方相关标准 | √ | | 规划设计 | |
| | 空调制冷设备和消防设备中不采用含 CFC(氟氯化碳)的制冷剂 | | √ | 规划设计 | |
| | 单位建筑面积的 $CO_2$、$SO_2$、$NO_x$ 及总悬浮颗粒物 (total suspended particulate，TSP) 年排放指标不得超过规定标准 | | √ | 规划设计 | |
| | 单位建筑面积的建筑物夏季排热量指标不高于 $0.2GJ/m^2$ | | √ | 规划设计 | |

　　评价方式分项目评估、阶段评估和单项评估三种。项目评估包括各单项、各阶段的全程评估。符合绿色要求的参评项目，其单项得分必须达到 60 分以上，阶段得分达到 300 分以上，项目总得分达到 600 分以上。

　　阶段评估是对各单项内容的全面评价，符合阶段绿色要求的项目，其单项得分必须达到 60 分以上，阶段得分达到 300 分以上。

　　**4. 评价原则与标准**

　　**1)分值分配**

　　规划设计阶段评分和运行管理阶段评分都是以评价体系中一级指标的五个方面为基础，每个方面均为 100 分，每个阶段总分为 500 分，两个阶段总分合计为 1000 分。以规划设计阶段和运行管理阶段中的能源与环境评价为例，评价标准如表 8-4 所示。

**表 8-4 能源与环境评价标准**

| 阶段 | 二级指标 | 三级指标 | 四级指标(措施与评价) | 分值 |
|---|---|---|---|---|
| 规划设计阶段<br>(100 分) | | 建筑主体节能 | 建筑全年耗热量指标、建筑全年耗冷量指标符合规定值，可得基本分 18 分。<br>附加分评分标准如下：<br>建筑物全年耗热量指标每降低 5%，得分=$5 \times \lambda_H$；建筑物全年耗冷量指标每降低 5%，得分=$5 \times \lambda_c$，其中 $\lambda_H$、$\lambda_c$ 分别为建筑所在地区的建筑物耗热量加权系数，$\lambda_H + \lambda_c = 1$ | 45 |
| | 常规能源系统的优化利用(35 分) | 冷热源和能量转换系统 | 计算能量转换效率>0.21，可得基本分。随着计算能量转换效率的提高，分值按比例增加，直至达到本条目满分 | 15 |
| | | 能源输配系统 | 计算输配系数>3，可得基本分。随着计算输配系数的提高，分值按比例增加，直至达到本条目满分。如无集中能源输配系统，则本条目分数平均分配给 2、4、5、6、7、8 条目 | 10 |
| | | 照明系统 | 楼梯间等照明系统采用声控、定时开启等系统 | 1.5 |
| | | | 公共区域的照明系统采用了节能灯等节能措施 | 1.5 |
| | | | 路灯照明系统采取了节能措施 | 2 |
| | | 热水供应系统 | 利用工业废热回收和其他能源制备热水(如热泵、空调余热、分户燃气炉等)，得分=2+$q$(0≤$q$<3)，其中 $q$=(计算能量转换效率和计算输配系数的加权得分率)× 33 | 3 |
| | | | 采用分户电热水器或未指定任何常规能源来制备生活用水 | 2 |
| 运行管理阶段 | | 可再生能源利用 | 利用各种可再生能源提供生活用热水(生活热水由可再生能源提供的部分占 50%以上，得 3 分；使用了可再生能源但不足生活热水总需求量 50%时，得 1.5 分；否则得 0 分) | 3 |
| | | | 利用各种可再生能源发电(使用可再生能源发电量超过总需求电量的 10%时，得 2 分；使用了可再生能源发电但不足总需求量电力的 10%时，得 1 分；否则得 0 分) | 2 |
| | | 能耗对环境的影响 | 单位建筑面积中各种污染物($CO_2$、$NO_x$、$SO_x$、TSP)排放量不高于基准值时得 3 分，比基准值每降低 5%，加 1 分，加至满分(8 分)；高于污染物排放基准值时，按 0 分计 | 8 |
| | | | 单位建筑面积的建筑物夏季排热量指标不高于 0.2GJ/m² 时可得 1 分，每降低 5%加 0.25 分，加至满分(2 分)，高于建筑物排放基准值时，按 0 分计算。对于地源热泵或水源热泵系统，不考虑其进行空调时排入地下的热量(注：总得分等于上述两个子项得分之和，但其中只要有一个子项的得分为 0，则本项总分按 0 分计) | 2 |

2)评分步骤

按照表 8-4 所示的评分表分阶段、分子项对逐条措施进行评分；对于具有明确量化指标的措施，完全依据量化指标进行评分；对于无法量化的措施，依据评分原则和专家经验进行评分；各项措施的最终得分取各评估专家所给评分的算术平均值；按一级指标对各措施的得分进行累加，得到单项总分(满分 100 分)；按阶段对各单项得分进行累加，得到阶段总分(满分 500 分）；将两个阶段总分相加，得到项目总分（满分 1000 分）。

### 8.2.2 《绿色建筑评价标准》概述

由建设部和国家质量监督检验检疫总局于 2006 年联合发布的《绿色建筑评价标准》（GB/T 50378—2006）（以下简称《标准》）是我国第一个关于绿色建筑评价的国家标准。该标准是在我国处于经济快速发展阶段、年建筑量世界排名第一、资源消耗总量逐年增长的情况下出台的，意在规范绿色建筑的评价，推动绿色建筑的发展，具有重要的实践和社会意义。该标准已于 2014 年和 2019 年进行两次修编，现行版本于 2019 年 8 月开始实行。

1. 评价对象和范围

《标准》适用于民用建筑的评价。绿色建筑评价应在建筑工程竣工后进行，在建筑工程施工图设计完成后，可进行预评价。

2. 特点

《标准》关注建筑的全生命周期，希望能在规划设计阶段充分考虑并利用环境因素，而且确保施工过程中对环境的影响降至最低，在运行管理阶段能为人们提供健康、舒适、低消耗、无害的活动空间，拆除后对环境的危害降到最低。不提倡为达到单项指标而过多地增加能耗，同时也不提倡为减少资源消耗而降低建筑的功能要求和适用性。强调将节能、节地、节水、节材、保护环境之间的矛盾放在建筑全生命周期内统筹考虑并正确处理，同时还应重视信息技术、智能技术和绿色建筑的新技术、新产品、新材料与新工艺的应用。

《标准》并未涵盖通常建筑物所应有的全部功能和性能要求，而是着重评价与绿色建筑性能相关的内容，主要包括安全耐久、健康舒适、生活便利、资源节约、环境宜居等方面。《标准》注重建筑的经济性，从建筑的全生命周期核算效益和成本，顺应市场发展需求及地方经济状况，提倡朴实简约，反对浮华铺张，实现经济效益、社会效益和环境效益的统一。

3. 评价指标体系与等级划分

如表 8-5 所示，绿色建筑评价指标体系由安全耐久、健康舒适、生活便利、资源节约、环境宜居 5 类指标组成，且每类指标均包括控制项和评分项；评价指标体系还统一设置提高与创新加分项。

依据此体系，绿色建筑可划分为基本级、一星级、二星级、三星级 4 个等级。

表 8-5　绿色建筑评价指标分值

| 分值 | 控制项基础分值 | 评分项满分值 | | | | | 提高与创新加分项满分值 |
|---|---|---|---|---|---|---|---|
| | | 安全耐久 | 健康舒适 | 生活便利 | 资源节约 | 环境宜居 | |
| 预评价分值 | 400 | 100 | 100 | 70 | 200 | 100 | 100 |
| 评价分值 | 400 | 100 | 100 | 100 | 200 | 100 | 100 |

当《标准》中的某条文不适应建筑所在地区、气候与建筑类型等条件时，该条文可不参

与评价，此时参评的总项数会相应减少，原表格中对项数的要求可按比例调整。

4. 配套文件及等级评价

为了更加深入具体地推进《标准》的实施，住房和城乡建设部科技发展促进中心和依柯尔绿色建筑研究中心(北京)有限公司组织编写了《绿色建筑评价技术细则》及《绿色建筑评价技术细则补充说明》，上述两个文件可为绿色建筑的规划、设计、建设和管理提供更加规范的具体指导，为绿色建筑评价标识提供更加明确的技术原则，为绿色建筑创新奖的评审提供更加详细的评判依据。

# 8.3　国外绿色建筑评价体系

根据用途的不同，可将现行的国外绿色建筑评价体系分为三类。

(1)对建筑材料和构配件的绿色性能评价与选用系统，以 Athena 为代表。

(2)对建筑某一方面的性能进行绿色评价的系统，以 EnergyPlus、Energy10 和 Radiance 为代表。

(3)绿色建筑性能的综合评价系统，以英国的建筑研究机构环境评估方法(Building Research Establishment Environmental Assessment Method，BREEAM)、美国的能源与环境设计先导(Leadership in Energy and Environmental Design，LEED)评价体系、日本的建筑物综合环境效率评价体系(Comprehensive Assessment System for Building Environmental Efficiency，CASBEE)和多国的绿色建筑挑战(Green Building Challenge，GBC)评价体系为代表。

绿色建筑性能的综合评价系统以前两类体系为基础，随着各国对绿色建筑评价理论和方法研究的深入，综合评价系统得到了较快的发展，下面将对有代表性的评价体系进行简要介绍。

## 8.3.1　英国 BREEAM

BREEAM 最初是由英国建筑研究院(Building Research Establishment，BRE)于 1990 年制定的世界上第一部绿色建筑评估体系。其他发达国家和地区后来制定的绿色建筑评估体系受其影响深刻，如美国的 LEED 和加拿大的建筑环境性能评价标准(Building Environment Performance Assessment Criteria，BEPAC)。

1. BREEAM 的目标

BREEAM 的目标是减少建筑物的环境影响，体系涵盖了建筑主体能源和场地生态价值。BREEAM 通过设置得分等级，对设计、建造以及建筑维护阶段中的最优者进行认证与奖励。BREEAM 旨在让各界认识到建筑对于环境的深刻影响，同时希望在建筑的规划、设计、建造以及使用管理阶段能够为决策者们提供必要的帮助。

BREEAM 采用了一个相当透明、开放和比较简单的评估架构。所有的评估条款分别归类于不同的环境表现类别，这样根据实践情况变化对其进行修改时，可以较为容易地增减评估条款。被评估的建筑如果满足或达到某一评估标准的要求，就会获得一定的分数，将所有分数累加得到最后的分数，根据最后分数给予"通过、好、很好、优秀"四个级别的评定，最后由 BRE 给予被评估建筑正式的评定资格。

### 2. BREEAM 的评价内容

(1)管理——总体的政策和规程。

(2)健康和舒适——室内和室外环境。

(3)能源消耗——能耗和 $CO_2$ 排放。

(4)运输——有关场地规划和运输时 $CO_2$ 的排放。

(5)水资源的有效利用——消耗和渗漏问题。

(6)原材料——原材料选择及对环境的作用。

(7)土地利用和场地生态——绿地使用和场地的生态价值。

(8)污染——(除 $CO_2$ 外的)空气和水污染。

每一条目下分若干子条目，各对应不同的得分点，分别从建筑性能、设计与建造、管理与运行这三个方面对建筑进行评价，满足要求即可得到相应的分数，如图 8-1 所示。

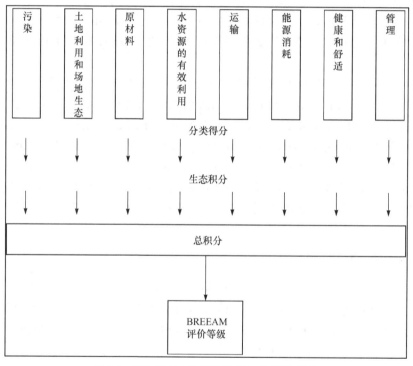

图 8-1　BREEAM 的评价过程与内容示意图

### 3. BREEAM 的构成

基于建筑对全球、地区和室内环境造成的影响，并考虑了管理问题，将这些因素作为研究制定 BREEAM 的出发点(图 8-2 和表 8-6)。

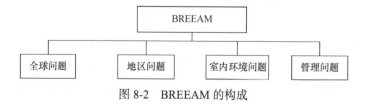

图 8-2　BREEAM 的构成

表 8-6 建筑影响分类及具体内容

| 分类 | 具体内容 |
|---|---|
| 全球问题 | 能源节约和排放控制、臭氧层减少措施、酸雨控制措施、材料再循环/使用 |
| 地区问题 | 节水措施、节能交通、微生物污染预防措施 |
| 室内环境问题 | 高频照明、室内空气质量管理、氧元素管理 |
| 管理问题 | 环境政策和采购政策、能源管理、环境管理、房屋维修、健康房屋标准 |

BREEAM 框架及分值见表 8-7。

表 8-7 BREEAM 框架及分值

| 子条目 | 分值 | 分值比例% |
|---|---|---|
| 能源消耗 | 44 | 21 |
| 运输 | 14 | 7 |
| 污染 | 28 | 14 |
| 原材料 | 31 | 15 |
| 水资源的有效利用 | 30 | 14 |
| 土地利用和场地生态 | 36 | 17 |
| 健康和舒适 | 24 | 12 |
| 总计 | 207 | 100 |

### 4. BREEAM 的特点

BREEAM 中引入了全生命周期和生态积分(ecopoint)的概念，生态积分是指对环境影响的一个独立单元，是对单元中某个特定产品或过程造成的整体环境影响的度量。根据英国的标准，每一个公民每年造成的环境影响被定义为 100 个生态积分，积分越多表示环境影响越大。生态积分计算的环境冲击如下：气候变迁、酸沉积、臭氧损耗、石化燃料消耗、空气污染——人体毒害、交通污染和阻塞、水污染——人体毒害、水污染——生态毒性、水污染——富营养化、矿物质萃取、水获取、废弃物。生态积分没有普遍适用性，不同的地区需要重新测算和定义，评分过程和原则如下。

(1)根据被评价建筑种类确定评估的部分：①新建项目和改建项目参评"设计和建造"和"建筑性能"两部分；②空置建筑参评"建筑性能"部分；③已使用项目参评"建筑性能"和"管理与运行"两部分。

(2)计算各评估项目在各条款中的得分以及占此条款总分的百分比。

(3)将得分乘以该条款的权重系数，即得到被评价建筑在此条款的最终得分。

(4)将被评价建筑各项条款得分累加得到总分。

自 1990 年首次实施以来，BREEAM 得到了不断的完善和扩展，可操作性大大提高，基本适应了市场化的要求，至 2000 年已经评价了 500 多个建筑项目，成为各国在该研究领域的成果典范。

### 8.3.2　美国 LEED

#### 1. 评价体系简介

为了实施广为认可的标准、工具和建筑物性能评价标准，实现定义和可度量建筑"绿色"程度的目标，美国绿色建筑委员会于 1995 年组织编写了《能源与环境设计先导》。在借鉴英国的 BREEAM 和加拿大 BEPAC 两大绿色建筑分级体系的基础上，形成了完备的 LEED 评价体系(表 8-8)。

表 8-8　LEED 评价体系框架及分值

| 子条目 | 分值 | 占总分值的比例% |
|---|---|---|
| 工程现场状况 | 14 | 20 |
| 水资源的有效利用 | 5 | 7 |
| 能源和大气 | 17 | 25 |
| 材料和资源 | 13 | 19 |
| 室内环境品质 | 15 | 22 |
| 设计过程及创新性 | 5 | 7 |
| 合计 | 69 | 100 |

LEED 评价体系蕴含鲜明的激励机制，它针对的是愿意领先于市场、相对较早地采用绿色建筑技术应用的项目群体，可以提高这些绿色建筑在当地的声誉以及取得优质的物业估值，同时也提供了一个机制来鼓励人们采用创新的绿色建筑技术。绿色建筑逐渐成为建筑市场的主流，整个行业水平也不断提高。与此同时，希望取得 LEED 评价体系认证的建筑物，其性能表现也相应提升。

#### 2. LEED 评价体系的主要内容

LEED 评价体系创立之初只有面向新建筑和楼宇改造工程(new construction and major renovations)的版本，简称 LEED-NC，随着体系的不断完善，逐渐发展为 6 种彼此关联但又有不同侧重的评价体系。

1)LEED-NC

LEED-NC 是 LEED 家族中的第一个产品，是后来 5 个分体系的发展基础。LEED-NC 主要用于指导各种高性能的商业和公共机构建筑的设计和施工过程，尤其是办公楼宇，同时也适用于幼儿园、高中学校、住宅楼、厂房、实验室等建筑类型。

2)LEED-EB

LEED-EB 与 LEED-NC 侧重于新建筑的设计和施工过程相互补，面向既有建筑(existing building，EB)进行运营管理评价，它的理念是将建筑物的营运效率最大化，同时减少对环境的影响。建筑物的业主和物业管理单位采用 LEED-EB 评价体系可以有效地比较和验证建筑在整个生命周期的营运过程中所进行的更新、改善和维护保养等措施的实际效果。

3)LEED-CI

LEED-CI 是针对商业内部(commercial interior，CI)装修的评价体系，它提供了一套集成的设计指南，主要用于优化租赁空间的整体性能，提高商店内人员的舒适程度，同时最大限度地减少内部装修所附带的环境影响。对于租赁区域的装修和改造而言，LEED-CI 是理想的绿色设计和施工评价体系。

LEED-CI 所鼓励的整合设计过程可以确保从项目的一开始就将环保节能的措施和整个设计融为一体，从而降低整个项目的成本。这个整合设计过程也为租户和雇主评价装修改造工程中采取环保节能措施的投资和益处提供了一个框架。

4）LEED-CS

为了鼓励业主在大厦的设计和施工过程中也采用绿色环保的可持续发展理念，美国绿色建筑委员会推出了针对业主和租户(core & shell，CS)协同发展的评价，简称 LEED-CS。

LEED-CS 也是一个针对特定市场需求的产品，在高度发达的商业社会中，如零售商场等建筑物建成之后，往往是出租给租户来进行不同商业形态的营运，称为 core & shell 开发模式。LEED-CS 的目的是在开发商的开发过程中和未来租户的装修过程中建立一种协调互动的关系，从而使得未来租户的商业内部装修可以最大限度地利用开发商已经实施的绿色环保策略。

5）LEED-H

住宅(home，H)建筑市场庞大，针对住宅评价的 LEED-H 定位于所有住宅产品中的前 25%，主要内容有以下几个方面：①能源的有效利用；②水资源的有效利用；③通过设计改进、材料选择和利用、施工技术改良等手段，实现建筑施工过程中资源的有效利用；④土地资源的有效利用；⑤提高室内空气质量以保障住户的身体健康。

LEED-H 所针对的住宅产品主要类型包括：独立基地上建造的规模较小的独立结构、单个家庭居住的独立房屋、复式别墅、排屋、多幢联建住宅等。

6）LEED-ND

针对社区发展(neighborhood development，ND)的 LEED-ND 是 LEED 评价体系产品中层次最高的部分，其评价范围涵盖了多种建筑类型、多种用途、多个地块，目的是解决城市化过程中因无节制的城市扩展带来的环境和其他方面的负面影响，并集成了三个主要的原则：智慧增长(smart growth)、城镇化(urbanism)和绿色建筑(green building)。

LEED-ND 主要针对两个群体：房地产开发商和城市规划者，其评价内容主要包括如下四个类别。

（1）项目选址的利用效率：包括周边的交通资源、市政基础设施配套、是否为旧区改造、配套公共空间、教育设施、工作距离等。

（2）环境保护：包括对于物种、农田、湿地等的保护和施工期间的场地保养等。

（3）规模紧凑、功能完整、相互依存的社区开发模式：包括社区发展规模的控制、社区内建筑类型的多样化、包含适合不同消费群体的住宅产品、能够融生活和娱乐于一体的综合社区功能等。

（4）资源的有效利用：包括节水、节能、提倡绿色建筑、采用可再生能源、中水回用、降低热岛效应、材料循环、光污染控制等。

同其他 LEED 评价体系产品不同的是，LEED-ND 更加强调"智慧增长"的概念以及综合性社区开发模式的应用，同时也鼓励采用一些最主要的绿色建筑技术。

3. LEED 评价体系的特点

一般来说，LEED 评价体系从以下 5 个方面来考察绿色建筑：①场地选址；②水资源利用效率；③能源利用效率及大气环境保护；④材料及资源的有效利用；⑤室内环境质量。

LEED 评价体系的评价要点如下。

（1）评估前提。项目都必须同时满足的必要条件，否则无法通过认证。

（2）得分点，即在上述 5 个方面采取的技术措施。项目实施过程中，可以自行决定要采取哪些评价要点所建议的技术措施，但每一个 LEED 认证级别都会有相应的得分总值要求。

（3）创新分。这些分数主要用于奖励如下两种情况：一种是候选项目中采取的技术措施所达到的效果显著超过了某些评价要点的要求，具有示范效果；另一种情况是项目中采取的技术措施在 LEED 评价体系中没有提及的环保节能领域取得了显著的成效。

LEED 以评价对象的性能表现为评价标准，即每个得分点的获得都取决于建筑物在某方面的性能表现，而与所采取的技术无关。例如，在 LEED-NC 中，如果建筑物中所采取的可再生能源达到建筑物总体电力消耗的 5%，则可以得 1 分，至于是采用太阳能还是生物能、风能、潮汐能，则由实施者自行决定。

### 8.3.3　日本 CASBEE

2001 年，由日本学术界学科带头人、企业专家、国土交通省、地方公共团体联合组成的建筑物综合环境评价委员会实施了关于建筑物综合环境评价方法开发的调查研究工作，力求对以建筑设计为代表的建筑活动和资产评估等事务进行整合，形成了一套与国际接轨的标准和评价方法，称为 CASBEE。

#### 1. CASBEE 的主要内容

CASBEE 由一系列的评价工具组成，其中最核心的是与设计流程（设计前期、中期和后期）紧密联系的四个基本评价工具，分别是规划与方案设计工具、绿色设计工具、绿色标签工具与绿色运营与改造设计工具，分别应用于设计流程的各个阶段，同时每个阶段的评价工具都能够适用于若干种用途的建筑。

（1）CASBEE-PD 是适用于新建建筑在方案设计阶段的规划与方案设计工具。在建筑物进入具体设计之前，对场地选址、地质诊断以及项目对环境的基本影响等进行评价。

（2）CASBEE-NC 是适用于新建建筑设计阶段的绿色设计工具。从基本设计到技术设计，为建筑师和工程师提供一种比较简单的建筑环境效率自评工具，它根据设计说明和对未来性能的预测进行评价。

（3）CASBEE-EB 是适用于现有建筑的绿色标签工具。在建筑物建成一年之后，利用特定指标评定建筑物的绿色等级，评价结果有利于市场对建筑物进行资产评估。

（4）CASBEE-RN 是适用于改造和运行的绿色设计工具，可为建筑物运行监控、试运行和改进设计提供参考。

此外，CASBEE 还开发了一系列有特定用途的扩展评价工具。

（1）CASBEE-TC 是适用于临时建筑的评价工具，此工具与 CASBEE-NC 的不同之处在于：对室内环境背景噪声的要求降低；取消了对建筑物耐久性、可适应性等内容的评价；将建筑材料的 3R 原则，即减量化（reducing）、再利用（reusing）和再循环（recycling）原则和减少废弃物等要求作为附加条目进行评价并提高了权重。

（2）CASBEE-HI 是针对热岛效应的具体评价工具，其功能是在基本工具的基础上对热岛效应进行更为深入和定量化的评价。

（3）CASBEE-DR 是对某个区域尺度的延伸评价工具，有别于对单体建筑的评价。

（4）CASBEE-HD 是对独立住宅的评价工具。

**2. CASBEE 的评分参考基准**

CASBEE 一般具有四级权重，各项目的权重系数需根据不同的建筑用途进行讨论确定，如表 8-9 所示。

表 8-9　不同版本的 CASBEE 权重系数

| 评价内容 | 2003 版 | 2004 版 | 工厂类建筑 |
|---|---|---|---|
| 室内环境 | 0.5 | 0.4 | 0.3 |
| 服务环境 | 0.35 | 0.3 | 0.3 |
| 室外环境 | 0.15 | 0.3 | 0.4 |
| 能源 | 0.5 | 0.4 | 0.4 |
| 资源与材料 | 0.3 | 0.3 | 0.3 |
| 建筑用地外环境 | 0.2 | 0.3 | 0.3 |

## 8.3.4　多国 GBC

1998 年 10 月，由加拿大自然资源部发起，在温哥华召开了由加拿大、美国、英国等 14 个西方主要工业国共同参与的绿色建筑国际会议——"绿色建筑挑战 98"（Green Building Challenge 98，GBC'98）。会议的中心议题是通过广泛交流各参与国的相关研究资料，发展一个能得到国际广泛认可的通用绿色建筑评价框架，以便对现有的不同建筑环境性能评价方法进行比较。同时考虑到地区差异，允许各国专家小组根据各地区实际情况自定义具体的评价内容、评价基准和权重系数。通过这种灵活调节，各国可通过改编得到自己国家或地区的绿色建筑工具（green building tool，GBT），也称为 GB Tool。因此，通用性与灵活性良好结合是 GB Tool 的最大特点，GB Tool 评价系统框架及分值分配见表 8-10。

表 8-10　GB Tool 评价系统框架及分值分配

| 项目 | 分值 | 占总分值的比例% |
|---|---|---|
| 资源消耗 | 20 | 20 |
| 环境负荷 | 25 | 25 |
| 室内环境 | 20 | 20 |
| 可使用性 | 15 | 15 |
| 经济性 | 10 | 10 |
| 运营前的管理 | 10 | 10 |
| 运输情况 | 0 | 0 |
| 总计 | 100 | 100 |

GB Tool 系统的主要部分以软件的形式于 1998 年春季完成，其主要特征如下。

(1)系统为不同类型的建筑准备了不同的版本，如办公建筑、集合住宅、学校建筑等。

(2)评价内容主要涉及资源消耗、环境负荷、室内环境、设备质量、成本、前期运作六大方面。

(3)采用多层次架构：条款—指标—子指标，其中子指标是最基础、最详尽的层级。

(4)评价架构中既有定量指标，也有定性指标。

(5)所有指标和条款都采用–2～+5 的评分机制，0 为参考基准点，–2 代表性能较差，+5 代表绿色程度最高。

(6)每一个参数都有书面说明，与每一得分项目对照，评分者可就实际表现选择最近的说明，而国际小组也可根据国家或地区的不同在一定限度内修订这些说明。

(7)次指标和指标层级上部都有权重，权重也可由国际小组进行修改。

(8)GB Tool 包括两种模式：绿色建筑输入模式和绿色建筑评估模式，这些模式是在跨平台资料库的程序下开发的，就概念来说，是一套建立在 Excel 基础上的简单系统，所有评价内容过程均在软件内显示与运行，根据预设在软件内的公式和规则自动计算生成最后的评价结果；GB Tool 本身并不包含能源消耗模拟(DOE-2)等特殊的计算程序，但希望今后能将这些相关模型进行链接，整合为一个系统平台或其他一些专业模型的"引擎"。

(9)评价结果为建筑各种性能的得分列表，并以直方图形式直观表达。

在绿色建筑挑战活动的发展过程中，各参与国都选择了一些建筑项目参加 GB Tool 的试评价，并针对评价结果在会议上进行了相互交流，这种国际性的绿色建筑试验不但有利于 GB Tool 的不断改进，也大大促进了世界绿色建筑实践的深入研究，这是其他商业评价体系难以做到的。

# 参 考 文 献

保拉·萨西, 2011. 可持续性建筑的策略[M]. 徐燊译. 北京: 中国建筑工业出版社.

彼得·F·史密斯, 2009. 适应气候变化的建筑——可持续设计指南[M]. 邢晓春译. 北京: 中国建筑工业出版社.

彼得·布坎南, 2003. 伦佐·皮亚诺建筑工作室作品集(第1卷)[M]. 张华译. 北京: 机械工业出版社.

布赖恩·爱德华, 2003. 可持续性建筑[M]. 周玉鹏, 宋晔皓译. 北京: 中国建筑工业出版社.

陈维信, 施琪美, 1996. 环境设计[M]. 上海: 上海交通大学出版社.

《大师系列》丛书编辑部, 2005a. 理查德·罗杰斯的作品与思想[M]. 北京: 中国电力出版社.

《大师系列》丛书编辑部, 2005b. 诺曼·福斯特的作品与思想[M]. 北京: 中国电力出版社.

《大师系列》丛书编辑部, 2006a. 伦佐·皮亚诺的作品与思想[M]. 北京: 中国电力出版社.

《大师系列》丛书编辑部, 2006b. 托马斯·赫尔佐格的作品与思想[M]. 北京: 中国电力出版社.

大卫·伯格曼, 2019. 可持续设计[M]. 徐馨莲, 陈然译. 南京: 江苏凤凰科学技术出版社.

董靓, 2007. 绿色建筑学研究(1)——绿色建筑学的涵义及其知识体系初探[J]. 建筑科学, 23(4): 1-4.

董靓, 代一帆, 2008. 一种基于CSCW的公共景观设计的公众参与系统[C]. 北京: 全国建筑数字教学研讨会暨国际学术研讨会.

都市环境学教材编辑委员会, 2005. 城市环境学[M]. 林荫超译. 北京: 机械电子出版社.

窦以德, 1997. 诺曼·福斯特[M]. 北京: 中国建筑工业出版社.

房志勇. 1997. 建筑节能技术教程[M]. 北京: 中国建材工业出版社.

弗瑞德·A·斯迪特, 2008. 生态设计——建筑·景观·室内·区域可持续设计与规划[M]. 汪芳, 吴冬青, 廉华译. 北京: 中国建筑工业出版社.

高祥生, 2001. 住宅室外环境设计[M]. 南京: 东南大学出版社.

胡吉士, 方子晋, 2005. 建筑节能与设计方法[M]. 北京: 中国计划出版社.

胡连荣, 2007. 屋顶绿化PK室内空调[J]. 知识就是力量, (1): 202.

江帆, 2003. 生态民俗学[M]. 哈尔滨: 黑龙江人民出版社.

江之力, 1994. 中国传统民居建筑[M]. 济南: 山东科学技术出版社。

荆其敏, 张丽安, 1996. 世界传统民居图集: 生态家屋[M]. 天津: 天津科学技术出版社.

克里尚, 贝克, 扬纳斯, 2005. 建筑节能设计手册——气候与建筑[M]. 刘加平, 张继良, 谭良斌译. 北京: 中国建筑工业出版社.

李百战, 2007. 绿色建筑概论[M]. 北京: 化学工业出版社.

李海英, 白玉星, 高建岭, 等, 2007. 生态建筑节能技术及案例分析[M]. 北京: 中国电力出版社.

李华东, 2002. 高技术生态建筑[M]. 天津: 天津大学出版社.

李敏, 2002. 现代城市绿地系统规划[M]. 北京: 中国建筑工业出版社.

李钟生, 2006. 城市园林绿地规划与设计[M]. 北京: 中国建筑工业出版社.

刘加平, 2003. 建筑物理[M]. 北京: 中国建筑工业出版社.

刘加平, 董靓, 孙世钧, 2010. 绿色建筑概论[M]. 北京: 中国建筑工业出版社.

刘加平, 谭良斌, 何泉, 2009. 建筑创作中的节能设计[M]. 北京: 中国建筑工业出版社.

刘念雄, 秦佑国, 2015. 建筑热环境[M]. 北京: 清华大学出版社.

Melby P, Cathcart T, 2005. 可持续性景观设计技术-景观设计实际运用[M]. 张颖, 李勇译. 北京: 机械工业出版社.

诺伯特·莱希纳, 2004. 建筑师技术设计指南——采暖·降温·照明[M]. 2版. 张利, 周玉鹏, 汤羽扬, 等译. 北京: 中国建筑工业出版社.

皮玲, 郭秋兰, 李浩, 等, 2019. 城市轻型屋顶绿化技术研究[J]. 科技风, 33: 129, 141.

齐康, 2010. 绿色建筑设计与技术[M]. 南京: 东南大学出版社.

清华大学建筑学院, 清华大学建筑设计研究院, 2001. 建筑设计的生态策略[M]. 北京: 中国计划出版社.

塞尔吉·科斯塔·杜兰, 2013. 生态住宅[M]. 窦强译. 北京: 中国建筑工业出版社.

沈致和, 2006. 住宅节能原理与设计[M]. 合肥: 安徽科学技术出版社.

宋德萱, 2003. 节能建筑设计与技术[M]. 上海: 同济大学出版社.

Topenergy 绿色建筑论坛组织, 2007. 绿色建筑评估[M]. 北京: 中国建筑工业出版社.

涂逢祥, 1996. 建筑节能技术[M]. 北京: 中国计划出版社.

汪芳, 2003. 查尔斯·柯里亚[M]. 北京: 中国建筑工业出版社.

王立红, 程道平, 王立颖, 等, 2003. 绿色住宅概论[M]. 北京: 中国环境科学出版社.

王长庆, 1999. 绿色建筑技术手册[M]. 北京: 中国建筑工业出版社.

渥尔纳·皮特·库斯特, 2005. 德国屋顶花园绿化[J]. 中国园林, 21(4): 71-75.

吴良镛, 1989. 广义建筑学[M]. 北京: 清华大学出版社.

西安建筑科技大学, 华南理工大学, 重庆大学, 等, 2002. 建筑物理[M]. 广州: 华南理工大学出版社.

西安建筑科技大学绿色建筑研究中心, 1999. 绿色建筑[M]. 北京: 中国计划出版社.

夏云, 夏葵, 1994. 节能节地建筑基础[M]. 西安: 陕西科学技术出版社.

夏云, 夏葵, 施燕, 2001. 生态与可持续建筑[M]. 北京: 中国建筑工业出版社.

薛志峰, 2005. 超低能耗建筑技术及应用[M]. 北京: 中国建筑工业出版社.

杨善勤, 1997. 民用建筑节能设计手册[M]. 北京: 中国建筑工业出版社.

姚宏韬, 2000. 场地设计[M]. 沈阳: 辽宁科学技术出版社.

姚润明, 昆·斯蒂摩司, 李百战, 2006. 可持续城市与建筑设计中英文对照版[M]. 北京: 中国建筑工业出版社.

英格伯格·弗拉格, 2003. 托马斯·赫尔佐格建筑+技术[M]. 李保峰译. 北京: 中国建筑工业出版社.

余新晓, 牛健植, 关文彬, 等, 2006. 景观生态学[M]. 北京: 高等教育出版社.

中国建筑科学研究院, 2007. 绿色建筑在中国的实践——评价·示例·技术[M]. 北京: 中国建筑工业出版社.

周浩明, 张晓东, 2002. 生态建筑: 面向未来的建筑[M]. 南京: 东南大学出版社.

诸锡星, 廖颖, 2007. 浅谈绿色建筑与环境保护[J]. 湖州职业技术学院学报, 5(1): 18-20.

Arnstein S R, 2019. A ladder of citizen participation[J]. Journal of the American Institute of Planners, 85(1): 24-34.